"十三五"国家重点图书出版规划项目

智能制造
系丨列丨丛丨书

智能设计
理论与方法

谭建荣　冯毅雄　著

U0303165

PRODUCT INTELLIGENT DESIGN
THEORY AND METHOD

清華大學出版社
北京

图书在版编目（CIP）数据

智能设计：理论与方法/谭建荣，冯毅雄著.—北京：清华大学出版社，2020.6（2023.3重印）
（智能制造系列丛书）
ISBN 978-7-302-54810-2

Ⅰ.①智…　Ⅱ.①谭…②冯…　Ⅲ.①智能设计　Ⅳ.①TB21

中国版本图书馆CIP数据核字（2020）第005647号

责任编辑：冯　昕　赵从棉
封面设计：李召霞
责任校对：王淑云
责任印制：杨　艳

出版发行：清华大学出版社
　　　　　网　　　址：http://www.tup.com.cn，http://www.wqbook.com
　　　　　地　　　址：北京清华大学学研大厦A座　　邮　　编：100084
　　　　　社 总 机：010-83470000　　　　　　　　邮　　购：010-62786544
　　　　　投稿与读者服务：010-62776969，c-service@tup.tsinghua.edu.cn
　　　　　质量反馈：010-62772015，zhiliang@tup.tsinghua.edu.cn
印 装 者：涿州市般润文化传播有限公司
经　　销：全国新华书店
开　　本：170mm×240mm　　印　张：10.5　　　字　　数：180千字
版　　次：2020年7月第1版　　　　　　　　　　印　　次：2023年3月第4次印刷
定　　价：45.00元

产品编号：086298-02

智能制造系列丛书编委会名单

主 任：

    周 济

副主任：

    谭建荣　李培根

委 员（按姓氏笔画排序）：

王 雪	王飞跃	王立平	王建民
尤 政	尹周平	田 锋	史玉升
冯毅雄	朱海平	庄红权	刘 宏
刘志峰	刘洪伟	齐二石	江平宇
江志斌	李 晖	李伯虎	李德群
宋天虎	张 洁	张代理	张秋玲
张彦敏	陆大明	陈立平	陈吉红
陈超志	邵新宇	周华民	周彦东
郑 力	宗俊峰	赵 波	赵 罡
钟诗胜	袁 勇	高 亮	郭 楠
陶 飞	霍艳芳	戴 红	

丛书编委会办公室

主 任：

    陈超志　张秋玲

成 员：

郭英玲	冯 昕	罗丹青	赵范心
权淑静	袁 琦	许 龙	钟永刚
刘 杨			

制造业是国民经济的主体,是立国之本、兴国之器、强国之基。习近平总书记在党的十九大报告中号召:"加快建设制造强国,加快发展先进制造业。"他指出:"要以智能制造为主攻方向推动产业技术变革和优化升级,推动制造业产业模式和企业形态根本性转变,以'鼎新'带动'革故',以增量带动存量,促进我国产业迈向全球价值链中高端。"

智能制造——制造业数字化、网络化、智能化,是我国制造业创新发展的主要抓手,是我国制造业转型升级的主要路径,是加快建设制造强国的主攻方向。

当前,新一轮工业革命方兴未艾,其根本动力在于新一轮科技革命。21 世纪以来,互联网、云计算、大数据等新一代信息技术飞速发展。这些历史性的技术进步,集中汇聚在新一代人工智能技术的战略性突破,新一代人工智能已经成为新一轮科技革命的核心技术。

新一代人工智能技术与先进制造技术的深度融合,形成了新一代智能制造技术,成为新一轮工业革命的核心驱动力。新一代智能制造的突破和广泛应用将重塑制造业的技术体系、生产模式、产业形态,实现第四次工业革命。

新一轮科技革命和产业变革与我国加快转变经济发展方式形成历史性交汇,智能制造是一个关键的交汇点。中国制造业要抓住这个历史机遇,创新引领高质量发展,实现向世界产业链中高端的跨越发展。

智能制造是一个"大系统",贯穿于产品、制造、服务全生命周期的各个环节,由智能产品、智能生产及智能服务三大功能系统以及工业智联网和智能制造云两大支撑系统集合而成。其中,智能产品是主体,智能生产是主线,以智能服务为中心的产业模式变革是主题,工业智联网和智能制造云是支撑,系统集成将智能制造各功能系统和支撑系统集成为新一代智能制造系统。

智能制造是一个"大概念",是信息技术与制造技术的深度融合。从 20 世纪中叶到 90 年代中期，以计算、感知、通信和控制为主要特征的信息化催生了数字化制造；从 90 年代中期开始，以互联网为主要特征的信息化催生了"互联网＋制造"；当前，以新一代人工智能为主要特征的信息化开创了新一代智能制造的新阶段。这就形成了智能制造的三种基本范式，即：数字化制造（digital manufacturing）——第一代智能制造；数字化网络化制造（smart manufacturing）——"互联网＋制造"或第二代智能制造，本质上是"互联网＋数字化制造"；数字化网络化智能化制造（intelligent manufacturing）——新一代智能制造，本质上是"智能＋互联网＋数字化制造"。这三个基本范式次第展开又相互交织，体现了智能制造的"大概念"特征。

对中国而言，不必走西方发达国家顺序发展的老路，应发挥后发优势，采取三个基本范式"并行推进、融合发展"的技术路线。一方面，我们必须实事求是，因企制宜、循序渐进地推进企业的技术改造、智能升级，我国制造企业特别是广大中小企业还远远没有实现"数字化制造"，必须扎扎实实完成数字化"补课"，打好数字化基础；另一方面，我们必须坚持"创新引领"，可直接利用互联网、大数据、人工智能等先进技术，"以高打低"，走出一条并行推进智能制造的新路。企业是推进智能制造的主体，每个企业要根据自身实际，总体规划、分步实施、重点突破、全面推进，产学研协调创新，实现企业的技术改造、智能升级。

未来 20 年，我国智能制造的发展总体将分成两个阶段。第一阶段：到 2025 年，"互联网＋制造"——数字化网络化制造在全国得到大规模推广应用；同时，新一代智能制造试点示范取得显著成果。第二阶段：到 2035 年，新一代智能制造在全国制造业实现大规模推广应用，实现中国制造业的智能升级。

推进智能制造，最根本的要靠"人"，动员千军万马、组织精兵强将，必须以人为本。智能制造技术的教育和培训，已经成为推进智能制造的当务之急，也是实现智能制造的最重要的保证。

为推动我国智能制造人才培养，中国机械工程学会和清华大学出版社组织国内知名专家，经过三年的扎实工作，编著了"智能制造系列丛书"。这套丛书是编著者多年研究成果与工作经验的总结，具有很高的学术前瞻性与工程实践性。丛书主要面向从事智能制造的工程技术人员，亦可作为研究生或本科生的教材。

在智能制造急需人才的关键时刻，及时出版这样一套丛书具有重要意义，为推动我国智能制造发展作出了突出贡献。我们衷心感谢各位作者付出的心血和劳动,感谢编委会全体同志的不懈努力,感谢中国机械工程学会与清华大学出版社的精心策划和鼎力投入。

衷心希望这套丛书在工程实践中不断进步、更精更好,衷心希望广大读者喜欢这套丛书、支持这套丛书。

让我们大家共同努力,为实现建设制造强国的中国梦而奋斗。

周济

2019 年 3 月

技术进展之快，市场竞争之烈，大国较劲之剧，在今天这个时代体现得淋漓尽致。

世界各国都在积极采取行动，美国的"先进制造伙伴计划"、德国的"工业4.0战略计划"、英国的"工业2050战略"、法国的"新工业法国计划"、日本的"超智能社会5.0战略"、韩国的"制造业创新3.0计划"，都将发展智能制造作为本国构建制造业竞争优势的关键举措。

中国自然不能成为这个时代的旁观者，我们无意较劲，只想通过合作竞争实现国家崛起。大国崛起离不开制造业的强大，所以中国希望建成制造强国、以制造而强国，实乃情理之中。制造强国战略之主攻方向和关键举措是智能制造，这一点已经成为中国政府、工业界和学术界的共识。

制造企业普遍面临着提高质量、增加效率、降低成本和敏捷适应广大用户不断增长的个性化消费需求，同时还需要应对进一步加大的资源、能源和环境等约束之挑战。然而，现有制造体系和制造水平已经难以满足高端化、个性化、智能化产品与服务的需求，制造业进一步发展所面临的瓶颈和困难迫切需要制造业的技术创新和智能升级。

作为先进信息技术与先进制造技术的深度融合，智能制造的理念和技术贯穿于产品设计、制造、服务等全生命周期的各个环节及相应系统，旨在不断提升企业的产品质量、效益、服务水平，减少资源消耗，推动制造业创新、绿色、协调、开放、共享发展。总之，面临新一轮工业革命，中国要以信息技术与制造业深度融合为主线，以智能制造为主攻方向，推进制造业的高质量发展。

尽管智能制造的大潮在中国滚滚而来，尽管政府、工业界和学术界都认识到智能制造的重要性，但是不得不承认，关注智能制造的大多数人（本人自然也在其中）对智能制造的认识还是片面的、肤浅的。政府勾画的蓝图虽气势磅礴、宏伟壮观，但仍有很多实施者感到无从下手；学者们高谈阔论的宏观理念或基本概念虽至关重要，但如何见诸实践，许多人依然不得要领；企业的实践者们侃侃而谈的多是当年制造业信息化时代的陈年酒酿，尽管依旧散发清香，却还是少了一点智能制造的气息。有些人看到"百万工业企业上云，实施百万工业 APP 培育工程"时劲头十足，可真准备大干一场的时候，又仿佛云里雾里。常常听学者们言，CPS(cyber-physical systems，信息-物理系统)是工业 4.0 和智能制造的核心要素，CPS 万不能离开数字孪生体(digital twin)。可数字孪生体到底如何构建？学者也好，工程师也好，少有人能够清晰道来。又如，大数据之重要性日渐为人们所知，可有了数据后，又如何分析？如何从中提炼知识？企业人士鲜有知其个中究竟的。至于关键词"智能"，什么样的制造真正是"智能"制造？未来制造将"智能"到何种程度？解读纷纷，莫衷一是。我的一位老师，也是真正的智者，他说："智能制造有几分能说清楚？还有几分是糊里又糊涂。"

所以，今天中国散见的学者高论和专家见解还远不能满足智能制造相关的研究者和实践者们之所需。人们既需要微观的深刻认识，也需要宏观的系统把握；既需要实实在在的智能传感器、控制器，也需要看起来虚无缥缈的"云"；既需要对理念和本质的体悟，也需要对可操作性的明晰；既需要互联的快捷，也需要互联的标准；既需要数据的通达，也需要数据的安全；既需要对未来的前瞻和追求，也需要对当下的实事求是……如此等等。满足多方位的需求，从多视角看智能制造，正是这套丛书的初衷。

为助力中国制造业高质量发展，推动我国走向新一代智能制造，中国机械工程学会和清华大学出版社组织国内知名的院士和专家编写了"智能制造系列丛书"。本丛书以智能制造为主线，考虑智能制造"新四基"[即"一硬"(自动控制和感知硬件)、"一软"(工业核心软件)、"一网"(工业互联网)、"一台"(工业云和智能服务平台)]的要求，由 30 个分册组成。除《智能制造：技术前沿与探索应用》《智能制造标准化》和《智能制造实践指南》3 个分册外，其余包含了以下五大板块：智能制造模式、智能设计、智能传感与装备、智能制造使能技术以及智能制造管理技术。

本丛书编写者包括高校、工业界拔尖的带头人和奋战在一线的科研人员，有着丰富的智能制造相关技术的科研和实践经验。虽然每一位作者未必对智能制造有全面认识，但这个作者群体的知识对于试图全面认识智能制造或深刻理解某方面技术的人而言，无疑能有莫大的帮助。丛书面向从事智能制造工作的工程师、科研人员、教师和研究生，兼顾学术前瞻性和对企业的指导意义，既有对理论和方法的描述，也有实际应用案例。编写者经过反复研讨、修订和论证,终于完成了本丛书的编写工作。必须指出,这套丛书肯定不是完美的,或许完美本身就不存在,更何况智能制造大潮中学界和业界的急迫需求也不能等待对完美的寻求。当然,这也不能成为掩盖丛书存在缺陷的理由。我们深知,疏漏和错误在所难免,在这里也希望同行专家和读者对本丛书批评指正,不吝赐教。

在"智能制造系列丛书"编写的基础上,我们还开发了智能制造资源库及知识服务平台,该平台以用户需求为中心,以专业知识内容和互联网信息搜索查询为基础,为用户提供有用的信息和知识,打造智能制造领域"共创、共享、共赢"的学术生态圈和教育教学系统。

我非常荣幸为本丛书写序,更乐意向全国广大读者推荐这套丛书。相信这套丛书的出版能够促进中国制造业高质量发展,对中国的制造强国战略能有特别的意义。丛书编写过程中,我有幸认识了很多朋友,向他们学到很多东西,在此向他们表示衷心感谢。

需要特别指出,智能制造技术是不断发展的。因此,"智能制造系列丛书"今后还需要不断更新。衷心希望,此丛书的作者们及其他的智能制造研究者和实践者们贡献他们的才智,不断丰富这套丛书的内容,使其始终贴近智能制造实践的需求,始终跟随智能制造的发展趋势。

2019 年 3 月

设计是人类智能的体现，其本质上是一种创造性的活动。随着市场需求的不断增加和竞争的不断加剧，对于复杂产品的设计，无论在设计的方式还是手段上都在不断地发生着变化，因此，如何实现产品设计的智能化也就成为当下产品设计的研究重点。智能设计围绕计算机化的人类设计智能，旨在讨论如何提高人机设计系统中计算机的智能水平，使计算机更好地承担产品设计中的各种复杂任务，具有重要的研究价值与意义。

智能设计最初产生于解决设计中某些困难问题的局部需要，可以追溯到专家系统技术早期应用的年代。在智能设计发展的不同阶段，解决的主要问题也不同。设计型专家系统解决的主要问题是方案设计，基本属于常规设计的范畴。而目前的人机智能化设计系统要解决的主要问题是创造性设计，包括创新设计和革新设计。这种发展趋势顺应了市场对制造业的柔性、多样化、低成本、高质量、快速响应能力的要求，是面向集成的决策自动化和高级的设计自动化。

本书全面、系统地讲述与智能设计有关的理论、方法和智能设计系统的开发应用。全书共9章内容，介绍设计知识获取、表达和建模方法，同时结合智能优化算法分析了产品智能设计过程中的认知建模、功构映射求解、稳健优化及冲突消解等技术，可以为工程设计领域的从业人员提供参考。

第1章介绍智能设计的基本概念及研究现状，梳理了智能设计的主要研究内容，包括设计知识智能处理、概念设计智能求解、设计方案智能评价和设计参数智能优化。

第2章以产品设计需求知识为核心，介绍设计需求知识与粗糙集理论的基本概念，同时基于知识粒度，提出需求知识的分解与重组方法。

第3章以产品结构性能知识为核心，介绍产品结构划分、作用-反馈描述的基本概念。以作用-反馈理论为核心，提出产品结构性能知识的派生方法。

第 4 章以产品设计知识为主体，介绍产品知识物元划分和奇异值分解方法。基于设计知识匹配及 TF-IFD 算法，提出产品设计知识的主动推送理论。

第 5 章针对产品概念智能设计，介绍质量特性的基本概念及需求模糊筛选法和演化博弈算法的基本流程，提出基于演化博弈理论的产品概念设计功构映射求解方法。

第 6 章以产品参数化智能设计为核心，介绍设计参数稳健优化中的变量约束及区间分析法的具体流程，提出基于量词约束满足的产品设计参数稳健优化方法。

第 7 章以产品装配智能设计为主体，介绍产品装配结构的概念以及仿生学中的遗传学理论，提出基于仿生学的产品装配结构基因进化设计。

第 8 章以产品型谱智能设计为核心，介绍多平台产品型谱重构设计的主要问题和型谱性能权衡的原理方法，提出基于混合协同优化的产品型谱性能重构设计。

第 9 章以复杂锻压装备性能增强设计、宝石加工专用装备机构智能设计及数控机床结构智能布局设计系统等为例，介绍智能设计在重大装备产品中的应用。

撰写本书各章的作者如下：

第 1 章　谭建荣，冯毅雄；

第 2 章　谭建荣，魏巍；

第 3 章　冯毅雄，魏喆；

第 4 章　冯毅雄，张舜禹；

第 5 章　谭建荣，林晓华；

第 6 章　谭建荣，林晓华；

第 7 章　冯毅雄，麦泽宇；

第 8 章　冯毅雄，李中凯；

第 9 章　谭建荣，冯毅雄。

全书由谭建荣、冯毅雄、娄山河修改并统稿。

本书中的部分研究内容得到国家 973 计划项目、国家 863 计划项目和国家自然科学基金资助项目的支持，特此表示感谢。

由于相关的研究工作还有待继续深入，加之受研究领域和写作时间所限，书中瑕疵和纰漏在所难免，在此恳请读者予以批评指正并提出宝贵的意见，以激励和帮助我们在探索智能设计理论与方法研究之路上继续前进。

作　者

2019 年 9 月于求是园

Contents | **目录**

绪论

1.1 引言

设计是人类智能的体现,其本质上是一种创造性的活动。在传统的设计过程中,设计智能化主要体现在设计专家的脑力劳动中,对于具有复杂性特征的实际工程问题解决和重大装备产品设计,传统的设计方法和思路越来越显现出其局限性。智能设计围绕计算机化的人类设计智能,旨在讨论如何提高人机设计系统中计算机的智能水平,使计算机更好地承担重大装备设计中的各种复杂任务,它具有重要的研究价值与意义。从知识处理的角度看,智能设计可以概括为知识的获取、表达、组织和利用;按设计能力划分,智能设计可以分为常规设计、联想设计和进化设计三个层次;从设计过程可以划分成自上而下的方式(即"符号处理法")和自下而上的方式(即"子符号法")。

智能设计是当今非常活跃的前沿研究领域,既富有吸引力,又具有挑战性。完善的智能设计系统是人机高度和谐、知识高度集成的人机智能化智能设计系统,它具有自组织能力、开放体系结构和大规模知识集成化处理环境,可以对设计过程提供稳定可靠的智能支持。

1.2 智能设计的基本概念

1.2.1 智能设计的产生

设计是一种与人的智能相关的创造性活动,其中的创造性主要指设计的结果是客观物质世界中存在尚不明确的事物。设计这种创造性活动实际上主要是对知识的处理与操作,因此设计创造性活动最显著的特点就是智能化。智能设计系统在求解问题时,不仅需要基于数学模型完成数值处理这类具有定量性质的工作,而且需要基于知识模型完成符号处理这类具有定性性质的推理型工作。在以往的设计中,设计的智能化主要体现为人类专家的脑力劳动,其中对知识的处理和操作具体表现为人类专家的逻辑推理等思维活动,计算机的出现和飞速发展为模拟人类专家的上述设计思维过程提供了契机。

智能设计的产生可以追溯到专家系统技术早期应用的年代,最早的一些著名专家系统中,XCON 是在方案设计这样一种非结构化决策问题中,将专家系统技术应用于设计领域的例子。美国的数字设备公司(DEC)用它来根据用户的订单对 VAX 型计算机进行系统配置,XCON 中集中了该公司 VAX 型计算机系统配置专家的大量知识,因而可在众多可能的配置方案中选择最合理可行的方案,使得计算机系统硬件配置这一订货工作中最困难和技术性最强的问题可采用自动化的方法解决。该专家系统投入使用后,DEC 处理用户订单的速度迅速加快,大大节省了雇用专家的开支,设计的成功率可达95％。在设计过程中,非结构化问题有很多,它们难以用数学模型描述,无法使用数值方法求解。要实现这一大类问题的求解自动化,只能借助于人工智能技术,因此,实现自动化的求解设计过程中大量存在的非结构化决策问题是智能设计产生的背景之一。

另外,在设计中还有大量的问题,虽然它们可以用数学模型来描述,但由于问题的高度复杂,无法用数学方法找到精确解,而只能借助经验性的方法求得近似解,这些问题具有"组合爆炸"的特点,问题空间极其巨大,难以找到可行解。对于这类问题,人类专家具有特殊的求解经验,他们可以根据问题的特点和约束大大缩小解空间,可以在有限的时间内得到工程上可行的或令人满意的解。

非结构化问题求解及高度复杂问题求解作为智能设计的产生原因及发展的初级阶段,其共同特点就是采用了单一知识领域的符号推理技术——设计型专家系统。用于产生满足约束条件的目标方案的专家系统为设计型专家系统,它主要具有以下特点:

(1) 设计结果的多样性和可行性;

(2) 设计任务的多层次和多目标性;

(3) 计算与推理交替运行的操作环境;

(4) 问题表示、求解策略和方法的多样性;

(5) 结构问题的求解和知识表示;

(6) 再设计的复杂性和问题的组合爆炸;

（7）求解问题解释的复杂性。

设计型专家系统对于设计自动化技术从信息处理自动化（数值或图形处理）走向知识处理自动化（符号及逻辑处理）有着重要的意义，它使人们看到计算机不仅能帮助人处理信息，而且可以基于人类专家的经验和知识帮助设计者进行决策。设计型专家系统的开发对于更高水平的设计自动化具有不可低估的作用，智能设计也是由设计型专家系统发展而成的。

1.2.2 智能设计的内涵

智能设计可以一般性地理解为计算机化的人类设计智能，它是 CAD 的一个重要组成部分。因此，下面从 CAD 的发展历程入手，对智能设计的概念内涵加以说明。以依据算法的结构性能分析和计算机辅助绘图为主要特征的传统 CAD 技术在产品设计中成功地获得广泛应用，已成为提高产品设计质量、效率和水平的一种现代化工具，从而引起了设计领域内的一场深刻的变革。传统 CAD 技术在数值计算和图形绘制上扩展了人的能力，但难以胜任基于符号知识模型的推理型工作。

由于产品设计是人的创造力与环境条件交互作用的物化过程，是一种智能行为，所以在产品设计方案的确定、分析模型的建立、主要参数的决策、几何结构设计的评价选优等设计环节中，有相当多的工作是不能建立起精确的数学模型并用数值计算方法求解的，而是需要设计人员发挥自己的创造性，应用多学科知识和实践经验，进行分析推理、运筹决策、综合评价，才能取得合理的结果。为了对设计的全过程提供有效的计算机支持，传统 CAD 系统有必要扩展为智能 CAD 系统。通常我们把提供了诸如推理、知识库管理、查询机制等信息处理能力的系统定义为知识处理系统，例如，专家系统就是一种知识处理系统。具有传统计算机能力的 CAD 系统被这种知识处理技术加强后称为智能 CAD(intelligent CAD, ICAD) 系统。ICAD 系统把专家系统等人工智能技术与优化设计、有限元分析、计算机绘图等各种数值计算技术结合起来，各取所长，相得益彰，其目的就是尽可能地使计算机参与方案决策、结构设计、性能分析、图形处理等设计全过程。ICAD 最明显的特征是拥有解决设计问题的知识库，具有选择知识、协调工程数据库和图形库等资源共同完成设计任务的推理决策机制。因此，ICAD 系统除了具有工程数据库、图形库等 CAD 功能部件外，还应具有知识库、推理机等智能模块。

虽然 ICAD 可以提供对整个设计过程的计算机支持，但其功能模块是彼此相间、松散耦合的，它们之间的连接仍然要由人类专家来集成。近年来，随着高新技术的发展和社会需求的多样化，小批量多品种生产方式的比重不断加大，这对提高产品性能和质量、缩短生产周期、降低生产成本提出了新的要求。从根本上讲，就是要使包括设计活动在内的广义制造系统具有更大的柔性，以便对市场进行快速响应，计算机集成制造系统（computer integrated manufacturing system，CIMS）就是在这种需求的推动下产生的。计算机集成制造（computer integrated manufacturing，CIM）作为一种新的制造理念正从体系结构、设计与制造方法论、信息处理模型等方面影响并决定着以小批量多品种占主导地位的现代制造业的生产模式，而作为 CIM 哲理具体实现的 CIMS 则代表了制造业发展的方向和未来。

在智能设计发展的不同阶段，解决的主要问题也不同。设计型专家系统解决的主要问题是模式设计，方案设计作为其典型代表，基本上属于常规设计的范畴，但同时也包含着一些革新设计的问题。与设计型专家系统不同，人机智能化设计系统要解决的主要问题是创造性设计，包括创新设计和革新设计。这是由于在大规模知识集成系统中，设计活动涉及多领域、多学科的知识，其影响因素错综复杂，当前引人注目的并行工程与并行设计就鲜明地反映出了面向集成的设计这一特点。CIMS 环境对设计活动的柔性提出了更高的要求，很难抽象提炼出有限的稳态模式，即设计模式千变万化且无穷无尽，这样的设计活动必定更多地带有创造性色彩。

智能设计具有以下五个特点。

（1）以设计方法学为指导。智能设计的发展，从根本上取决于对设计本质的理解，设计方法学对设计本质、过程设计思维特征及其方法学的深入研究，是智能设计模拟人工设计的基本依据。

（2）以人工智能技术为实现手段。借助专家系统技术在知识处理上的强大功能，结合人工神经网络和机器学习技术，较好地支持设计过程自动化。

（3）以传统 CAD 技术为数值计算和图形处理的工具。提供对设计对象的优化设计、有限元分析和图形显示输出上的支持。

（4）面向集成智能化。不但支持设计的全过程，而且考虑到与 CIM 的集成、提供统一的数据模型和数据交换接口。

（5）提供强大的人机交互功能。使设计师对智能设计过程的干预，即与人工智能融合成为可能。

1.3　智能设计的发展概述

1.3.1　智能设计研究现状

产品设计是为实现一定的目标而进行的一种创造性活动,其历史伴随了人类文明的整个进程。随着人类市场需求的不断增加和竞争程度的不断加剧,对于复杂产品的设计,无论在设计的方式还是手段上都在不断发生着深刻的变化,如何使用智能化的方法以实现产品设计的智能化也就成为当下产品设计的研究重点。

网络的出现和网络技术的不断发展不仅极大地改变了人类的工作和生活方式,而且使异地快速联系与数据通信成为可能。因此,大规模的网络技术也极大地改变了产品设计的方式和方法,产品设计不再局限于本地,使用的设计知识可以在限定的范围内得到智能共享,在保护了知识产权的前提下,异地分布式协作设计成为现实。产品设计资源的异地化不仅使复杂的设计任务可以由分布式的团队来完成,也为产品全生命周期的各个环节参与到产品设计中提供了高效有利的途径。而且网络协议的不断发展,使得多学科、多领域的设计知识可以得到智能集成应用。充分利用大规模网络技术的智能设计,可以极大地减少复杂产品更新时间与开发成本。

产品设计知识智能建模理论在分析产品设计过程需求和特点的基础上,系统地提出了递归化的产品信息智能集成建模的思想。以知识作为驱动复杂机电产品设计的意图和指标,可以实现从抽象概念到具体产品的复杂产品智能设计,逐步求精和细化多元技术集成耦合和演化的过程。基于该理论,面向设计过程的产品装配信息自适应与自组织智能建模理论也已接近成熟。借助符号单元所具有的形状载体作用及其富有的高层次工程语义智能化实现产品模型的高层功能描述与低层几何表示的统一的方法同样取得了一定的成果。

产品设计知识的符号智能建模理论是基于装配符号的约束规则集描述,实现产品装配设计信息的智能传递,并采用装配符号关系图对产品装配设计语义与约束进行动态维护。基于符号功构映射关系的产品概念方案智能建模方法已经发展成完善的系统,基于符号关联约束关系的产品装配关系智能建模和基于图形单元符号的零件详细结构智能建模等关键技术也逐渐成熟。基于符号智能建模理论的面向方案的形式化智能设计方法深入研究了多层次形式化符号系统的定义、分类、描述和建库方法，基于多层次形式化符号演变的运动方案智能设计方法，基于形式化图元符号的装配方案智能设计方法，基于形式化模板符号的配置智能设计方法，基于形式化字符符号的设计方案重用方法是产品设计知识的符号智能建模理论的研究重点。

基于知识智能演化的产品进化设计方法是将设计知识的演化过程与产品全生命周期的各个阶段紧密结合，从而提出关于各设计阶段知识智能演化的基本原理。基于该理论的产品进化设计与配置产品定制生产理论和方法，对产品运动进化智能设计、装配进化智能设计、结构进化智能设计以及配置产品进化重用的定制生产中的关键技术进行了深入研究并已有一定成果。通过该理论建立的产品基本构造物元模型和产品智能设计过程蕴含系统，通过可拓推理的方法，分别运用拓展与变换的手段，对产品设计模型知识与产品设计过程知识进行有效的演化和派生。

产品多学科耦合与多目标智能优化方法认为复杂机电产品是由机、电、液等多物理过程、多单元技术集成于机械载体而形成的具有整体功能的复杂系统。其设计问题是一个多过程、多源、多部件、多学科的智能耦合过程。智能优化方法针对复杂机电产品设计过程设计质量知识数据的有效组织、处理与利用，系统地研究了以产品过程质量知识耦合特征要素为对象，并且关联产品结构特征进行数据挖掘和知识发现的理论与方法已经接近完善。目前通过改进强度 Pareto 进化算法，引入模糊 C 均值聚类，加快外部种群的聚类过程。采用约束 Pareto 支配和浮点数、二进制混合染色体编码等智能优化策略的智能算法，一次运行就能求得分布均匀的机电产品多学科优化 Pareto 最优解集。

以上述研究成果为基础，结合智能设计理论和应用对产品设计理论和方法进行系统深入的研究，是当下智能设计研究的重点。

1.3.2　智能设计的发展趋势

智能设计最初产生于解决设计中某些困难问题的局部需要，近 20 年来智能设计的迅速发展应归功于 CIM 技术的推动。智能设计作为 CIM 技术的一个重要环节和方面，在整体上要服从 CIM 的全局需要和特点。

CIM 技术是一种新的生产哲理，它是为适应现代市场瞬息多变、小批量多品种、不断推陈出新的产品需求应运而生的。CIM 技术强调企业生产、管理与经营集成优化的模式，力图从全局上追求企业的最佳效益。CIM 技术可以大大提高制造系统对市场的迅速反应能力，也即制造的柔性。决策的依据是知识，要实现决策自动化，就必须采用知识的自动化处理技术。产品设计作为制造业的关键环节,在 CIMS 中占有极其重要的地位。同时,在 CIMS 这样的大规模知识集成环境中,设计活动也与多领域、多学科的知识集成问题相关。在 CIMS 环境中实施的并行设计要求在设计阶段就要考虑整个产品生命周期的需求(制造、装配、成本、维护、环境保护、使用功能),它必然涉及广泛领域和众多学科的知识。因此,智能设计是面向集成的设计自动化。

由于 CIM 技术的发展和推动,智能设计由最初的设计型专家系统发展到人机智能化设计系统。虽然人机智能化设计系统也需要采用专家系统技术,但它只是将其作为自己的技术基础之一,两者仍有较根本的区别,主要表现在以下四个方面。

(1)设计型专家系统只处理单一领域知识的符号推理问题;而人机智能化设计系统则要处理多领域知识和多种描述形式的知识,是集成化的大规模知识处理环境。

(2)设计型专家系统一般只能解决某一领域的特定问题,因此比较孤立和封闭,难以与其他知识系统集成;而人机智能化设计系统则是面向整个设计过程,是一种开放的体系结构。

(3)设计型专家系统一般局限于单一知识领域范畴,相当于模拟设计专家个体的推理活动,属于简单系统;而人机智能化设计系统涉及多领域、多学科的知识范畴,用于模拟和协助人类专家群体的推理决策活动,属于人机复杂系统。这种人机复杂系统的集成特性要求对跨领域知识子系统进行协调、管理、控制和冲突消解进行决策,而且应有必要的机制(如智能界面)保证人和机器的有机结合,使得计算机系统真正成为得力的决策支持手段,而人类设计专家则能借助计算机系统得到这种支持并发挥出关键和权威决策的作用。

(4)从知识模型角度看,设计型专家系统只是围绕具体产品设计模型或针对设计过程某些特定环节(如有限元分析或优化设计)的模型进行符号推理;而人机智能化设计系统则要考虑整个设计过程的模型,设计专家思维、推理和决策的模型(认知模型)以及设计对象(产品)的模型,特别是在 CIMS 环境下的并行设计,更鲜明地体现了智能设计的这种整体性、集成性、并行性。因此在智能设计的现阶段,对设计过程及设计对象的建模理论、方法和技术加以研究探讨是很有必要的。

综上所述,智能设计从单一的设计型专家系统发展到现在的人机智能化设计系统乃是历史的必然,它顺应了市场对制造业的柔性、多样化、低成本、高质量、快速响应能力的要求。它是面向集成的决策自动化,是高级的设计自动化。当然,正如我们一再强调的,这种决策自动化不会完全排斥人类专家的作用。随着知识自动化处理技术的发展，计算机可以越来越多地承担以往由人类专家所担当的大量决策工作，但不会完全取代人类专家作为最有创造性的知识源的作用。在一个合理协调、有机集成的人机智能化设计系统中，计算机做得好的工作应由计算机做，而且我们还要不断地提高机器的智能，使之可做更多的事情。而如果智能设计的高质量和高可靠现阶段机器无法实现，则应由人类专家去做。这样一个系统可以保证设计的高质量和高效率。

1.4　智能设计的研究内容

1.4.1　设计知识智能处理

人工智能的发展，可大致分为符号智能、计算智能和群集智能三个阶段。符号智能构成了半个世纪以来人工智能研究的主流，为实现人类逻辑思维奠定了坚实基础。而以人工神经网络（artificial neural network，ANN）和遗传算法（genetic algorithm，GA）为代表的计算智能在近 20 年内取得了突破性的进展，为实现人类形象思维提供了可行途径。因此，依托于以人工神经网络和遗传算法为代表的计算智能方法进行设计知识的智能处理是当下研究的重点之一。

从广义上说，知识是人类对于客观事物规律性的认识，具有多种描述形式。就工程设计而言，数学模型、符号模型、人工神经网络是三种主要的知识描述形式。对于数学模型，我们在以往的学习中已经熟知。通过基于人工智能的知识处理技术，就可使读者对智能设计所涉及的主要知识形态有一个比较全面的认识和把握。此外，知识处理大致可分为知识获取、知识表示、知识集成和知识利用这四大环节。符号系统与人工智能相结合实现了知识获取和知识集成两个环节，这为实现知识自动获取和知识集成提供了一个成功范例和可行途径。

智能设计的发展经历了设计型专家系统和人机智能化设计系统两个阶段，设计自动化程度和创新能力正在逐步提高。以进化涌现等自然法则为核心思想的遗传算法为进一步提高设计自动化程度和创新能力提供了新的思路。利用智能算法的编码、选择、交叉、变异、适应度评价等操作进行产品方案设计是设计知识智能处理的主要方法。

1.4.2 概念设计智能求解

产品设计早期的概念设计决定了产品全生命周期大部分的成本,其不仅决定着产品的质量、性能、成本、可靠性和安全性,而且其产品的设计缺陷无法在后续设计阶段弥补。在产品设计早期构建以概念设计为核心,贯穿于产品全生命周期的设计方法,可以从源头端有效地增强产品性能并减少设计的迭代,从而提高产品设计的效率与质量,使得在设计初期就能够对性能进行溯源、优化以及预测,有效提高产品的性能。该方法是产品设计理论与性能设计理论的总结与细化。

在智能概念设计中,行为定义为产品结构的状态变化,类似地,在设计早期阶段行为性能可以用来表达不同结构单元的状态序列,因此其中的智能行为性能被定义为在功能设计阶段表达不同配置单元的性能状态。设计早期的结构是指完成预定功能的载体,其中的智能预测性能是指在设计早期通过智能算法对产品方案中的关键性能的评估,可以为产品设计早期中的迭代提供依据。

功构映射是通过系统化与智能化的方法,将抽象的功能性描述转化为具有几何尺寸与物理关系的零部件,实现产品的功能约束与物理结构的多对多映射求解。针对功构映射过程模糊性、多解性与复杂性的特点,国内外学者开展了大量的研究工作,提出了启发式搜索、赋权自动机、商空间等智能方法进行功能求解。现有的推理方法聚焦于功构模型的可操作性与可表达性,忽略了结构性能约束在推理适配过程中的关键作用,导致得到的设计方案在整个设计过程中缺乏一致性与有效性,增加了设计的迭代次数。由于在设计早期约束信息具有模糊不确定性,性能适配需要以智能化的方法为依托,围绕模糊约束信息展开,以约束为设计边界,在功构映射与结构综合阶段准确地传递与满足性能约束,从而获得结构性能较为优良的设计结果。

1.4.3 设计方案智能评价

设计方案的评价与选择是决定产品设计的关键。然而在这一活动中,由于客户需求映射的复杂性、模糊性以及客户和设计者之间交互语义一致性等问题而常常会导致产生的质量控制方案具有非唯一性。产品的质量控制方案对产品研发过程中的详细设计、工艺设计等后续工作具有重要的影响,所以对质量控制方案进行智能化选择是产品设计中的一个重要步骤。

就其本质而言,产品设计方案的评价与选择是一个不确定环境下的复杂性多评价准则群体协同决策活动。在此过程中,由于产品设计方案尚处于概念化阶段,因此难以利用精确、完善的度量尺度对每个准则进行评价,而且不同准则之间存在着错综复杂的交互与耦合关系;另一方面,不同的设计方案评价专家也具有不同的知识水平和决策背景,因此很难达成一致性决策结果。于是,客观、合理、科学地处理这些问题便成为有效评价方案的瓶颈。

智能设计系统的方案评价根据智能设计决策的需求围绕可接受性决策展开讨论,近年来的研究焦点主要集中于如何使用智能化的方法处理产品设计方案评价过程中评价信息的模糊性、不精确性和不完备性等不确定性问题,并且已有案例将人工智能领域中的不确定性信息处理方法成功地应用于产品设计方案评价中。该方法可接受实际需求性决策的核心内容和关键问题,对设计方案进行评价,而这种智能评价的方式要综合考虑所设计产品的技术指标、经济指标、社会指标等诸多方面的情况,同时设计方案的评价与选择将对整个产品研发过程的效率、成本、客户满意度等方面产生重要的影响。

1.4.4 设计参数智能优化

产品设计涉及机械、控制、电子、液压和气动等多学科领域,设计参数繁多,并且参数之间彼此关联,其涉及的参数往往有百余个且大部分参数之间具有关联性。

产品设计参数数据有些往往很难直接准确地获取或估算,理论计算参数数据与通过复杂机电产品开发试验和产品样机运行记录得到的离散设计参数数据之间往往误差很大。为了给复杂产品多参数关联的性能驱动产品设计提供相对准确的连续设计参数数据,依据计算结果与在复杂产品开发试验和产品样机运行记录获得的数据结果,往往需要采用数值与几何结合的智能分析方法,借助智能优化技术,获得或逼近更实际的连续参数数据,从而有利于复杂产品关键多技术参数关联的定量分析。这对复杂产品设计的实现和参数优化具有重要的意义。

近年来,国内外学者对产品设计参数数据的获取与分析主要采用单纯的解析方法或数值方法。但是,对于复杂产品设计,单纯的解析方法与单纯的数值方法与实际设计对设计参数数据的需求尚有一些差距或难以实现,设计参数的智能优化也就极为重要。

1.5　本书的篇章结构

本书全面系统地讲述了与智能设计有关的理论、方法和智能系统的开发技术及应用案例。全书正文共包括 9 章内容,除第 1 章作为介绍智能设计的绪论部分外,第 2～8 章着重讲述了智能设计有关的最新具体方法,第 9 章则主要讲述了与智能设计有关的具体案例。

第 2 章以产品设计需求知识为核心,介绍设计需求知识与粗糙集理论的基本概念。同时基于粒度,提出需求知识的分解与重组方法。

第 3 章以产品结构性能知识为核心,介绍产品结构划分、作用-反馈描述的基本概念及性能知识与产品方案的关系,以作用-反馈理论为核心,提出产品结构性能知识的派生方法。

第 4 章以产品设计知识为主体,介绍产品知识物元划分、描述词-设计知识矩阵的基本概念及奇异值分解的方法。基于奇异值分解、设计知识匹配度及TF-IFD 计算,提出产品设计知识的主动推送理论。

第 5 章以产品概念设计为内涵,介绍概念设计质量特性的基本概念及需求模糊筛选法和演化博弈算法的基本流程;提出基于演化博弈理论的产品概念设计功构映射求解方法。

第 6 章以产品参数化设计为核心,介绍质量特性参数建模稳健优化中的变量约束等条件及区间分析法的具体流程;提出基于量词约束满足的产品设计参数稳健优化方法。

第 7 章以产品装配结构为主体,介绍产品装配结构的概念以及仿生学中的遗传学理论;提出基于仿生学的产品装配结构基因进化设计。

第 8 章以产品型谱性能为核心,介绍多平台产品型谱重构设计的主要问题、产品型谱模糊聚类平台规划、产品型谱性能权衡重构的方法以及相应算法的原理;提出基于混合协同优化的产品型谱性能重构设计。

第 9 章以复杂锻压装备性能增强设计、宝石加工专用装备机构智能设计及数控机床结构智能布局设计系统等为例,说明智能设计在重大装备产品中的应用案例。

第 2 章

基于粒度的产品设计需求知识本体重组

2.1 产品设计需求知识的本体式表达

2.1.1 产品设计需求知识本体的概念

在产品智能设计中,用户常常使用自身偏好的表达方法去描述其对产品的需求,由于用户与设计者往往在不同的业务领域和知识背景下考虑问题,对于同一个基本概念可能产生不同的理解,形成概念上的差异,导致需求信息表达的偏误、不完整和多变更,阻碍了产品的智能设计进程,给产品的设计带来很多困难。同时,用户之间对产品需求知识表达上的差异也使同一概念的需求知识难以共享。利用本体理论对产品设计需求知识进行统一表达,按一定的规则进行抽象的描述,是解决上述难题的有效途径,能够从根本上解决对需求信息的一致理解并实现产品需求知识的共享与重用。

本体(ontology)是对概念及其相互关系的规范化描述和一致性表达,本体作为一种能在语义和知识层次上描述信息模型的建模工具,具有清晰、一致、灵活、可扩展等特点,能够较好地支持产品智能设计中用户需求知识的集成,实现产品创新设计过程中用户知识的共享和重用,在知识工程、软件复用、信息检索和语义 Web 等许多领域得到了广泛的应用。

本体的形式化定义为:本体是一个四元组,Ontology = (D, Con, Att, Ass)。其中,D 为本体应用的领域集,可以是单个领域或者多个领域的并集;Con 为领域集 D 中的概念实体的有限集;Att 为概念实体属性的有限集;Ass 为概念实体之间的关联函数。如果两个概念实体存在关联,则函数值为 1,否则为 0,并且不存在孤立的概念实体,即不与其他概念实体发生关联的概念实体。

用概念框架表示用户需求知识本体中的概念领域、概念实体、概念属性及

概念之间的类属关系,对需求知识本体进行如下定义:

需求知识本体可表示为一个四元组 RK={R_D,R_C,R_Ks,R_Rs}。其中:R_D 表示用户知识概念领域,包括设计领域、制造领域、工程领域等多个领域的并集;R_C 为需求知识概念实体的有限集;R_Ks 为概念实体 R_C 上一组属性的非形式化描述,通常为自然语言,比如"可进行回收利用";R_Rs 为概念实体间的"关系"集合,包括从属关系(kind of)、同类关系(same as)、属性关系(attribute of)等,体现了需求知识在拓扑树中所处层级以及能否分解等信息。

2.1.2　产品设计需求语义形式化表达

资源建模
框架标准

为了能够对产品设计需求进行形式化表达,引入本体的概念,借助语义 Web 技术,便于语义信息在设计过程中重用、共享与优化配置。Web 本体描述语言(OWL)是一种用来描述 Web 服务的属性与功能的本体规范,以资源建模框架标准(RDFS)作为概念模型框架,采用描述逻辑进行服务过程间的逻辑关系表达和关系推理,具有很强的信息表达能力与逻辑推理能力。通过抽取目标性能语义信息,构建设计需求形式化表达模型如图 2.1 所示。

```
< owl:Ontology >
< owl:Classrdf:ID = EquipResource > //类名称
< rdfs:subClassofrdf:resource = Resource/> //父类
< rdfs:differeniFromrdf:resource = HumanResource >
……
< owl:Classrdf:ID = "产品设计需求属性"/>
< owl:Classrdf:about = " ♯ 本体概念" >< rdfs:subClassofrdf:resource = " ♯ 目标性能属性"
/></owl:Class >
< owl:Classrdf:about = " ♯ 本体属性" >< rdfs:subClassofrdf:resource = " ♯ 目标性能属性"
/></owl:Class >
< owl:Class:df:about = " ♯ 本体关联" >< rdfs:subClassofrdf:resouree = " ♯ 目标性能属性"
/></owl:Class >
< owl:Classrdf:ID = "性能名称" >< rdfs:subClassofrdf:resource = " ♯ 本体概念"/></owl:
Class >
< owl:Classrdf:ID = "性能类别" >< rdfs:subClassofrdf:resource = " ♯ 本体概念"/></owl:
Class >
< owl:Classrdf:ID = "意图属性" >< rdfs:subClassofrdf:resource = " ♯ 本体属性"/></owl:
Class >
< owl:Classrdf:ID = "约束属性" >< rdfs:subClassofrdf:resource = " ♯ 本体属性"/></owl:
Class >
< owl:Classrdf:ID = "继承关系" >< rdfs:subClassofrdf:resource = " ♯ 本体关联"/></owl:
Class >
< owl:objectProPerty >//属性定义
< owl:Grouprdf:ID = concept >//概念属性组定义
< owl:hasobjectProPertyrdf:resource = ResOwner/>
…….
</owl:Group >
```

图 2.1　基于 OWL 的产品设计需求形式化表达

2.2 产品设计需求知识本体的多粒度分解与重组

2.2.1 产品设计需求知识本体的多粒度分解

在产品设计需求知识本体的表达过程中，人们总是按照一定的信息粒度层次进行需求知识处理，例如对金属加工中常用的切削需求知识中，各种加工方法如"车削""拉削""铣削""磨削"等属于同一知识粒度，而"车削外圆""车削圆锥面""车削偏心""车削特形面"等常用车削加工则属于车削加工知识的子颗粒。可以看出，用户对产品的需求知识是具有粒度层次特点的，很多情况下要对获取的需求知识进行多粒度分解，以更好地建立需求知识库，指导后续的产品智能设计。设存在可分解的需求知识节点 RK_N，且可分解为 RK_N$_1$，RK_N$_2$，…，RK_N$_n$，则分解的过程可表达为

$$RK\_N \rightarrow RK\_N_1 \wedge RK\_N_2 \wedge \cdots \wedge RK\_N_n \tag{2.1}$$

分解遵从以下准则：①分解后的子需求知识与原需求知识必须保持语义一致；②分解过程中无冗余产品设计需求知识产生；③分解后的子需求知识的并集应包含原需求知识的全部信息。

以某产品设计需求知识本体的分解过程为例，设原始需求知识为："相对制冷量在 0.6～0.8 范围内快速可调"。本体知识表达为：概念对象——"相对制冷量"（实体对象）；概念对象属性——"0.6～0.8 的"（相对制冷量属性）；任务匹配关系——"快速可调"。依据需求知识本体所划分出的三个元素，对产品设计需求知识本体进行多粒度分解，可提取出子需求知识：①相对制冷量的变化区间范围为 0.6～0.8；②相对制冷量的调节必须能快速实现。最后检验分解后的产品设计需求知识是否满足上述三条准则。图 2.2 表示出了产品需求知识本体的多粒度分解过程。

2.2.2 产品设计需求知识本体的多粒度重组

在产品需求知识本体表达与多粒度分解的基础上即可对需求知识进行多粒度重组建模，形成最终的产品需求知识拓扑重组模型。对于产品需求知识拓扑重组模型的构建一方面要考虑到需求知识粒度的层次性，另一方面也要考虑到产品功能和结构的层次特点。例如对于大型空分装备产品需求知识的拓扑重组建模，空分装备承包范围需求知识用于描述用户的总体需求知识，其子节点需求知识包括对空气压缩机系统、空气预冷系统、分子筛纯化系统、增

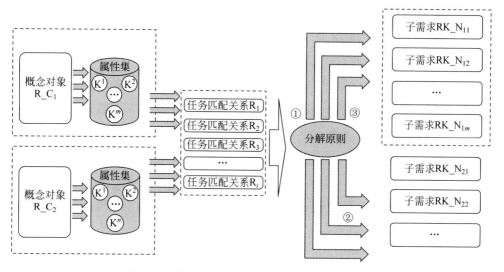

图 2.2　产品需求知识本体的多粒度分解过程

压透平膨胀机组、分馏系统、换热系统、存储系统等子系统的产品设计需求。上述各项需求知识属于同一粒度需求知识,而且分别包含各自的子节点,如增压透平膨胀机组子系统又可分为功能需求知识、结构需求知识、性能需求知识、安全需求知识、服务需求知识等。对上述粒度层次下的需求知识又可按照上节提出的分解准则进行本体式多粒度分解,不同粒度的需求知识共同组成空分装备产品的需求知识拓扑重组模型。如图 2.3 所示为空分装备产品需求知识本体的多粒度拓扑重组模型。

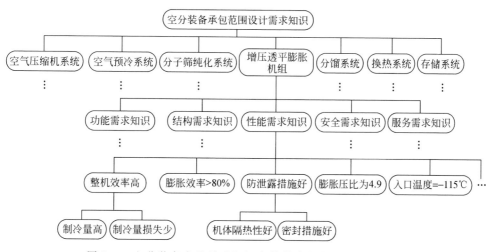

图 2.3　空分装备产品需求知识本体的多粒度拓扑重组模型

2.3 产品设计需求知识的粗糙集分析

在产品智能设计过程中，通常来说所获取的各项需求知识之间是相互关联的，这种关联既可能是互补的也可能是互斥的。例如用户对空分装备配套空气净化系统的要求"净化效率高，机械杂质滤除效果好"，对空气压缩机要求"具备一定的抗微小机械杂质撞击能力"，具有一定的互补性；而"运行可靠、流程先进、操作方便、设备配置合理、安全低耗、设备总成本低廉"则具有某种互斥性。因此在产品智能设计过程中需要对这些需求知识进行分析和约简处理。基于粗糙集理论的需求知识分析适合处理以数据表形式表示的知识，因此可提取需求知识本体中的属性并转化成数据表形式的需求知识表达系统，以实现数据约简、属性权值计算、需求案例分类等任务，从而达到需求知识分析的目的。在产品智能重组设计过程中，尽量将信息系统中相关度和重要性程度较高的产品设计需求知识进行优先处理。

2.3.1 粗糙集理论基本理论

粗糙集理论作为一种研究模糊的不完整、不确定、不一致等各种不完备知识的表达、学习、归纳的数学理论方法，具有完全由数据驱动、不需要人为假设的优点，更具客观性。它能在保持知识库分类能力不变的条件下，通过属性约简，剔除冗余信息，导出问题分类和决策规则，无须提供问题所需处理的数据集合之外的任何先验信息或附加信息，仅根据观测数据本身来删除冗余信息，比较知识的粗糙度、知识属性间的依赖性与重要性，抽取分类规则，易于掌握和使用。粗糙集不仅为信息科学和认知科学提供了新的科学逻辑和研究方法，而且为信息知识分析与处理提供了有效的技术，已经在人工智能、知识获取分析与数据挖掘、模式识别与分类、故障监测等方面得到了较为成功的应用。

粗糙集作为描述不完整和不确定性知识的工具，其研究的对象或环境是信息与知识表达系统，通过引入下近似（lower approximation）和上近似（upper approximation）概念来表示知识的不确定性。下近似是指所有对象元素都肯定被包含；上近似是指所有对象可能被包含。通过引入约简和核概念进行知识的分析与处理等计算，简化信息知识中的冗余属性和属性值，进行知识库的约简，提取有用的特征信息。约简就是用对象的部分知识属性取代全体属性，从大量数据中求取最小不变集合,以简化对象的研究。对于不能进行约简的知识属性,我们称之为"核"。粗糙集中对于系统、上近似、下近似以及约简与核概念的数学定义分别如下。

粗糙集将研究对象抽象为一个信息系统或知识表达系统,可用信息表表示,而信息表又可由四元组来表示,即

$$S = \langle U, A, V, f \rangle \tag{2.2}$$

式中:U——论域,是一个有限非空集合,是知识系统中研究对象的集合。研究对象即知识表中的元组或者记录。U 是知识表中所有元组的集合,可以用 $U = \{x_1, x_2, \cdots, x_n\}$ 表示。

A——知识属性集,是一个有限非空集合,用于刻画对象的性质,可用 $A = \{a_1, a_2, \cdots, a_m\}$ 表示。

V——知识属性值集,是一个有限非空集合,可用 $V = \{v_1, v_2, \cdots, v_m\}$ 表示,其中 v_i 是知识属性 a_i 的值域。

f——知识函数,即

$$f: U \times A \rightarrow V, \quad f(x_i, a_j) \in v_j \tag{2.3}$$

其中,$f(x_i, a_j)$ 是元组 x_i 在知识属性 a_j 处的取值。

设 U 是对象集,R 是 U 上的等价关系,则称 (U, R) 为近似空间,由 (U, R) 产生的等价类为

$$U/R = \{[x_i]_R \mid x_i \in U\}, \quad [x_i]_R = \{x_j \mid (x_i, x_j) \in R\} \tag{2.4}$$

$$\underline{R}(X) = \{x_i \mid [x_i]_R \subseteq X\}, \quad \overline{R}(X) = \{x_i \mid [x_i]_R \bigcap X \neq \varnothing\} \tag{2.5}$$

式中:$\underline{R}(X)$——X 的下近似;

$\overline{R}(X)$——X 的上近似。

若 $\underline{R}(X) = \overline{R}(X)$,则称 X 为可定义集合;否则,称 X 为粗糙集,如图 2.4 所示。

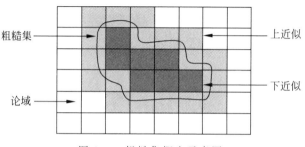

图 2.4　粗糙集概念示意图

定义　给定一个知识表达系统 $S=\langle U,A,V,f\rangle$，有知识属性集 A'，$A'\subset A$ 且 $U/A=U/A'$，并且不存在一个知识属性集 A''，$A''\subset A'$ 且 $U/A''=U/A'$，则称 A' 为 A 的一个约简。知识表达系统可有 m 个约简：$A',A'',\cdots,A^{(m)}$，所有约简的交集 $C=A'\bigcap A''\bigcap\cdots\bigcap A^{(m)}$，其中 C 称为 A 的核。

2.3.2　高维产品设计需求知识粗糙集约简

产品智能设计中，产品需求知识的各个属性对于满足用户需求的重要程度是不同的，而且各属性之间存在相互依赖的约束关系。因此需要在需求知识约简和核概念的基础上进行产品设计需求知识的相关性计算，以此来分析产品多个需求知识的依赖度和重要度，更好地指导产品智能设计的进程。

在产品智能设计中，对于给定的需求知识表达系统 $S=\langle U,A,V,f\rangle$，$A=T\bigcup J$，$T\bigcap J=\varnothing$，且 T 为需求知识条件属性集，J 为决策属性集，决策属性 J 对条件属性 T 的依赖度（或者可以称为条件属性 T 对决策属性 J 的支持度）可定义为

$$g=\gamma(T,J)=\frac{\mathrm{Base}(\mathrm{Pos}_T J)}{\mathrm{Base}(U)} \tag{2.6}$$

式中：Base——集合的基数，即集合包含的元素个数。

上式称 J 在 g 程度上依赖于 T，记为 $T\Rightarrow_g J$，其中

$$\mathrm{Pos}_T J=\bigcap_{X\in U/J} T_-(X) \tag{2.7}$$

式中，$T_-(X)$——需求知识条件属性集的子集。

$g<1$ 表示决策属性集 J 中的部分属性值由条件属性集 T 中的属性值决定，则称决策属性集 J 局部（在 g 程度上）依赖于条件属性集 T；$g=1$ 表示决策属性集 J 中的所有属性值都由条件属性集 T 中的属性值决定，则称决策属性集 J 完全依赖于条件属性集 T。

因此，可对需求知识的粗糙度进行如下描述：

$$R_T J=1-\gamma(T,J) \tag{2.8}$$

式中：$R_T J$——需求知识的粗糙度，其值体现了需求知识条件属性集 T 对于决策属性集 J 分类的近似程度。

需求知识属性 T_i 的重要度 $I_{T-\{T_i\}}J(T_i)$ 可以用从需求知识条件属性集合 T 中去掉某个属性 T_i 时，T 的决策属性集 J 正域所受到影响的程度来表示，即

$$I_{T-\{T_i\}}J(T_i)=1-\frac{\mathrm{Base}(\mathrm{Pos}_{\{T-\{T_i\}\}}J)}{\mathrm{Base}(\mathrm{Pos}_T J)}=1-\frac{\gamma(T-\{T_i\},J)}{\gamma(T,J)} \tag{2.9}$$

$$0\leqslant I_{T-\{T_i\}}J(T_i)\leqslant 1$$

$$\text{core}_T J = \{T_i \in T \mid I_{T-\{T_i\}} J(T_i) > 0\} \tag{2.10}$$

对于知识系统中各需求知识的重要性程度的计算,可以通过引入各需求知识 R_i 针对论域或对象集 U 的不可分辨关系 $U \mid R_i (i \in (1,n))$,求出对象集 U 相对于需求知识集 R 的等价关系 $U \mid \text{Ind}(P)$ 及相对正域 $\text{Pos}_P(S)$,依次省略各个需求知识 $R_i (i \in (1,n))$ 后,列出 U 针对剩余各需求知识的不可分辨关系 $U \mid \text{Ind}(P-R_i)(i \in (1,n))$,依次计算省略各需求知识后的相对正域 $\text{Pos}_{P-\{R_i\}}(S)(i \in (1,n))$,根据相对正域的变化及式(2.9)得到需求知识系统中各需求知识的重要性程度 g 的计算式:

$$g = \gamma_P(S) - \text{Base}(\text{Pos}_{P-\{P'\}}(S)) = k - \text{Base}(\text{Pos}_{P-\{P'\}}(S)) \tag{2.11}$$

其中

$$k = \gamma_P(S) = \text{Base}(\text{Pos}_P(S))/\text{Base}(U) \tag{2.12}$$

产品需求知识的条件属性对于决策属性的重要性程度越高,则认为两者的相关程度越强。在产品智能设计过程中,应尽量将需求知识系统中相关度和重要性程度较高的产品需求知识进行优先处理。

第3章

基于作用反馈的产品结构性能知识派生

3.1 产品结构性能分解与作用反馈描述

3.1.1 产品结构性能单元划分

在结构性能驱动复杂产品结构方案派生过程中,为了缩短产品结构方案派生周期,提高结构性能知识的重用率,必须为复杂产品设计提供一系列具有较好通用性的结构性能知识单元,以达到性能资源共享,避免设计冗余的目的。产品结构性能单元的划分,直接影响结构性能驱动复杂产品结构方案派生中性能知识资源的利用率和产品设计效率等因素。结构性能单元中的主要组成为产品的结构性能,但根据实际需求同样也包含部分其他类型的性能知识。

为了简化产品性能知识单元划分过程,降低结构性能知识划分的计算复杂度,并且能够综合考虑影响产品结构性能单元划分的因素以及方便利用计算机来处理产品结构性能单元划分问题,根据结构性能知识间的相似性,划分出有利于驱动复杂产品结构方案派生的性能知识单元。

相似性是自然界和各个学科领域中的一种常见的客观现象,相似理论是说明各种相似现象、相似原理的学说。在结构性能驱动复杂产品结构方案派生过程中,可按结构性能知识间的相似性进行性能知识单元的划分,同一结构性能知识单元中的结构性能知识具有相似的属性、特征、关系或约束。

产品结构性能知识的相似性存在着不同的表现形式。在"作用-反馈"体系下,从结构性能知识定义的角度而言,结构性能知识的相似性可以归纳为如下两种表现形式。

(1)结构性能知识属性、特征相似。

产品不同的结构性能知识可能具有相似的材料、转速、尺寸、频率等性能知识属性或特征,这些产品结构性能知识的属性和特征可以直接映射到产品的结构、可加工性以及存储等设计解决方案。

(2) 结构性能知识关系、约束相似。

在产品大量的结构性能知识中,无论它们之间的属性和特征有何不同,它们都驱动了复杂产品设计中的同一个或具有关联的多个结构的实现,因此只要它们在驱动同一个复杂产品设计的结构实现,那么就可以说这些性能知识在关系和约束上存在相似性。

根据在"作用-反馈"体系下这两种产品结构性能知识相似性的表现形式,可以将影响产品性能知识单元划分的性质分为两类:第一类包括产品结构性能知识的属性和特征等;第二类包括产品结构性能知识间的相关性和亲疏程度等,体现的是产品结构性能知识之间的关系性质。其中产品结构性能知识的某一方面的相似性常常伴随着另外一方面的相似性,存在着某种因果关系。因此需要综合考虑这两类性质进行产品结构性能单元的划分。

在"作用-反馈"体系下复杂产品的产品性能知识单元划分可以由以下 4 个步骤完成。

步骤 1:性能知识属性、特征等统计信息的相似化处理。

实际问题中,性能知识的统计信息为独立变量,几乎不体现性能知识之间的交互关系。为使指标具有可比性及可分析性,避免过大的指标对量级很小的指标的影响,必须建立一个统一的尺度。方法如下。

(1) 对产品性能知识属性、特征信息进行标准化处理。

在"作用-反馈"体系下,待进行产品性能知识单元划分的产品性能知识为论域:$X = \{x_1, x_2, \cdots, x_n\}$,且参数 $x_1, x_2, \cdots, x_n$ 为线性参数,对于非数值量的参数要首先进行数值化处理。其中 x_{ik} 表示第 i 个性能知识的第 k 个特征指标。设 x'_{ik} 为标准化的第 i 个性能知识的第 k 个特征指标,则

$$x'_{ik} = \frac{x_{ik} - \overline{x_i}}{\sigma_i} \tag{3.1}$$

$$\overline{x_i} = \frac{1}{m} \sum_{k=1}^{m} x_{ik} \tag{3.2}$$

$$\sigma_i = \sqrt{\frac{1}{m-1} \sum_{k=1}^{m} (x_{ik} - \overline{x_i})^2} \tag{3.3}$$

式中:$\overline{x_i}$——性能知识属性原始数据统计均值;

σ_i——性能知识属性原始数据统计标准差。

然后将已经标准化的数据压缩到 $[0,1]$ 区间:

$$X_{ik} = \frac{x'_{ik} - x'_{ik\min}}{x'_{ik\max} - x'_{ik\min}} \quad (x'_{ik\max} \neq x'_{ik\min}) \tag{3.4}$$

（2）对标准特征指标矩阵 $\boldsymbol{X}$ 进行模糊相似化处理。

设 $\boldsymbol{X} = (x_{ij})_{n \times n}$，计算出性能知识 x_i 和 x_j 之间的特征指标相似程度 $r_{ij}(0 \leqslant r_{ij} \leqslant 1)$。$r_{ij}$ 的数值量越接近于 1，说明性能知识 x_i 和 x_j 之间的相似程度越高，当 $i = j$ 时，也就是性能知识 x_i 自己与自己的相似程度，恒取为 1。若 $i, j = 1, 2, \cdots, n$，则得到模糊相似矩阵 $\underset{\sim}{\boldsymbol{R}}_x$：

$$\underset{\sim}{\boldsymbol{R}}_x = \begin{bmatrix} r_{11} & r_{12} & \cdots & r_{1n} \\ r_{21} & r_{22} & \cdots & r_{2n} \\ \vdots & \vdots & & \vdots \\ r_{n1} & r_{n2} & \cdots & r_{nn} \end{bmatrix} \tag{3.5}$$

其中

$$r_{ij} = \begin{cases} 1, i = j \\ \dfrac{1}{M} \displaystyle\sum_{k=1}^{m} x_{ik} x_{jk}, i \neq j \end{cases} \quad (M \geqslant \max_{i \neq j}\{ | \sum_{k=1}^{m} x_{ik} x_{jk} | \})$$

步骤 2：性能知识相关性和亲疏程度等信息的加权处理。

性能知识相关性和亲疏程度信息有 m 个统计指标，相对应 m 个评价矩阵 $\boldsymbol{R}_n$，权空间为 $\omega = \{ \omega_1, \omega_2, \cdots, \omega_m \}$，$\omega_i$ 为权值，$r_{ik} = r_{1ik}\omega_1 + r_{2ik}\omega_2 + \cdots + r_{mik}\omega_m$。其中，$\displaystyle\sum_{i=1}^{m} \omega_i = 1$。

步骤 3：在"作用-反馈"体系下产品性能知识性质信息的综合。

要全面考虑产品性能知识各类特性进行单元划分，必须在"作用-反馈"体系下将各类信息进行综合处理。具体方法如下。

设在"作用-反馈"体系下综合权空间为 ω，那么 $\underset{\sim}{r}_{ik} = r_{xik}\omega_x + r_{yik}\omega_y$，其中，$\omega_x + \omega_y = 1$。

步骤 4：产品结构性能单元划分的实现。

按"传递闭包法"对产品结构性能单元进行划分。方法如下。

（1）求出 $\underset{\sim}{\boldsymbol{R}}$（$\underset{\sim}{\boldsymbol{R}}$ 为式（3.5）求得的模糊相似矩阵 $\underset{\sim}{\boldsymbol{R}}_x$）的闭包 $t(\underset{\sim}{\boldsymbol{R}})$。$\underset{\sim}{\boldsymbol{R}}$ 只满足对称性与自反性，不满足传递性，还需要求出 $\underset{\sim}{\boldsymbol{R}}$ 的闭包。

传递闭包法

$$t(\underset{\sim}{\boldsymbol{R}}) = \underset{\sim}{\boldsymbol{R}}^n = \underbrace{\underset{\sim}{\boldsymbol{R}} \circ \underset{\sim}{\boldsymbol{R}} \circ \cdots \circ \underset{\sim}{\boldsymbol{R}}}_{n \uparrow \underset{\sim}{\boldsymbol{R}}} = \boldsymbol{R}^* \tag{3.6}$$

（2）对模糊等价矩阵 $\boldsymbol{R}^{*}$ 按置信水平 $\lambda \in (0,1)$，取截矩阵 $\boldsymbol{R}_{\lambda}^{*}$。

（3）对于模糊等价矩阵 $\boldsymbol{R}_{\lambda}^{*}$，以序列的方式将论域 X 中的各性能知识进行单元划分。

（4）取其他置信水平 λ 进行聚类分析，返回步骤（2）；若已取足够置信水平 λ，则继续步骤（5）。

（5）生成动态聚类图，选择合适的置信水平，划分出合理的产品性能知识单元。

由 $\boldsymbol{R}_{\lambda 2}^{*}$ 所得的产品性能知识单元事实上是由 $\boldsymbol{R}_{\lambda 1}^{*}$ 所划分产品性能知识单元的细分。置信水平 λ 由 $1\sim0$ 的取值过程是对"作用-反馈"体系下在产品性能知识单元的动态并归过程。

3.1.2　性能知识作用-反馈描述

在"作用-反馈"体系下，产品性能知识的语义描述实质上就是运用性能知识的特征和特征参数来描述产品及其零部件的性能知识。产品性能知识的特征要比产品结构特征复杂得多，基于产品性能知识所采用的语义对在"作用-反馈"体系下所获得的不同特征指标统计信息进行处理，以获得符合实际要求的性能知识相关性和亲疏程度信息的模糊评价矩阵 $\underset{\sim}{\boldsymbol{R}}_{y}$。

语义描述方法不仅需要对产品及其零部件相关性能知识本身进行描述，还要求能够支持和便于对产品性能知识的搜索、过滤和抽取。适合的产品性能知识表达方式，可以使性能知识在获取、组织、传递和运用的过程中更好地表达产品设计意图和设计思想，达到规范化和标准化的目的，有利于实现计算机智能设计。

在"作用-反馈"体系下，性能知识是以集合的形式客观存在的。通过利用多色集合理论在集合系统描述上的优势，结合产品性能知识的特点，给出了一种规范的、标准的产品性能知识语义描述方法，支持"作用-反馈"体系下性能知识的组织

多色集合理论

与表达，有利于在"作用-反馈"体系下性能知识资源中获得可能解或匹配可能解。

在"作用-反馈"体系下，产品性能知识在驱动复杂产品设计过程中需要描述的侧重点往往不同，有时需要单独地描述某一个性能知识，有时需要对具有关联关系的多个性能知识进行语义描述。因此，产品性能知识的语义描述可以按照需要表达特征属性的侧重点不同，采用两种规范的表达方式，具体方式如下。

（1）单独表述产品的每一个性能知识（gp）：

$$\forall\, gp \in GP,\ \exists\, a \in A,\ \exists\, r \in R$$

$$gp = \langle a, r \rangle$$

（2）表述具有关联的多个产品性能知识（GP_i'）：

$$\forall\, P_i \in P,\ \exists\, A_i \subset A,\ \exists\, R_i \subset R,\ \exists\, GP_i' \subset GP$$

$$R_i = GP_i'(A_i)$$

GP_i' 是一个产品性能知识的集合，也可以表达为

$$GP_i' : P_i \rightarrow GP_i$$

$$GP_i \subseteq A_i \times R_i$$

$$R_i = GP_i'(A_i)$$

式中：P_i——需要进行设计的产品组成部分；

　　　GP_i——产品组成部分相关的广义性能知识集合；

　　　GP_i'——产品组成部分相关的广义性能知识；

　　　A——施加给产品或其零部件的作用；

　　　a——单独产品广义性能知识中施加给产品或其零部件的作用；

　　　A_i——相互关联产品广义性能知识中施加给产品或其零部件的作用；

　　　R——产品的反馈；

　　　r——单独产品广义性能知识中产品客观反馈；

　　　R_i——相互关联产品广义性能知识中产品客观反馈。

在"作用-反馈"体系下，根据性能知识的分类，可以认为产品性能知识集由结构性能知识集和行为性能知识集共同构成。按照多色集合理论，产品的结构性能知识集与行为性能知识集中的性能知识元素的具体语义描述如下。

（1）结构性能知识元素语义描述。

$$gp^a = \begin{cases} \text{Identify\_GP} \\ \text{Class\_GP} \\ \text{Name\_GP} \\ \text{GP\_ConstrainSet} \\ \text{GP\_Action\& Response} \\ \text{GP\_RelationSet} \\ \text{Constrain\_Pointer} \end{cases}$$

（2）行为性能知识语义描述。

$$
\mathrm{gp}^{b} = \left\langle \left\langle \begin{array}{c} \mathrm{Identify\_GP} \\ \mathrm{Class\_GP} \\ \mathrm{Name\_GP} \\ \mathrm{GP\_ConstrainSet} \\ \mathrm{GP\_Action} \\ \mathrm{GP\_RelationSet} \\ \mathrm{Constrain\_Pointer} \end{array} \right\rangle, \left\langle \begin{array}{c} \mathrm{Identify\_GP} \\ \mathrm{Class\_GP} \\ \mathrm{Name\_GP} \\ \mathrm{GP\_ConstrainSet} \\ \mathrm{GP\_Response} \\ \mathrm{GP\_RelationSet} \\ \mathrm{Constrain\_Pointer} \end{array} \right\rangle \right\rangle
$$

式中：gp^{a}——结构性能知识；

gp^{b}——行为性能知识；

Identify_GP——广义性能的标识；

Class_GP——广义性能的类型；

Name_GP——广义性能描述；

GP_ConstrainSet——广义性能相关约束集；

GP_Action&Response——结构性能属性；

GP_Action——产品所受的作用；

GP_Response——产品所作出的反馈；

GP_RelationSet——广义性能连接关系集；

Constrain_Pointer——广义性能语义描述相对应的约束指针。

在"作用-反馈"体系下，采用多色集合理论进行性能知识语义描述的方法在一定程度上使性能知识的获取成为可能，并且实现了在语义和知识两个层次上建立统一的性能知识语义描述模型。可以对各种性能知识及其相互关系进行规范化、标准化的描述和明确的显示表达。

采用该种方法来描述产品性能知识是高效和高重用性的。可以方便地描述性能知识的共性和处理方法，性能知识的语义描述对应的是产品设计的实例解。在"作用-反馈"体系下，采用多色集合理论进行性能知识语义描述的方法所具有的优势与特点如下。

（1）"作用-反馈"体系作为性能语义描述问题的前提和基础，可以包含所有需要进行语义描述的性能知识对象。另外，在"作用-反馈"体系的不同层面上，它涵盖性能知识从低层到高层，从简单到复杂的可能性，可以更贴切地描述性能知识在驱动复杂产品设计过程中的动态变化。

（2）多色集合理论是将在驱动复杂产品设计过程中的结构性能知识和行为性能知识与性能特征参数联系起来共同研究的理论依据，现实客观存在的任何性能知识都是建立在一定特征参数的基础上，或者是与一定的事物的属性和特征相结合的具体的参数值。

（3）该语义描述方法具有一定的层次分解结构，可以将一个复杂产品性能知识集合分解为相对简单的子集合，子集合还可再分解为更简单的子集合。这种语义表达方法不仅有利于产品性能知识整体的利用，而且有利于产品子结构性能知识的利用。因此，它不仅可以支持产品总体设计，还可以支持产品部件的设计和综合。

3.2　性能知识产品结构模型建立

3.2.1　性能知识符号表示

性能驱动复杂产品设计是对设计对象根据性能知识进行信息处理的过程，产品设计对象包含需求、结构、约束等多种信息，从初始的产品性能需求到最终的设计求解，产品设计相关性能知识信息的层次、粒度、内容、约束和联系是不断发展变化的，如何有效地描述和处理产品设计相关性能知识及其信息是产品性能知识建模的基本问题。针对性能驱动复杂产品设计的相关性能知识及其信息的特点，我们采用性能知识单元符号进行形象化的性能知识符号表示，支持产品的性能知识符号建模。

性能知识的符号表示是性能驱动产品设计对象的逻辑标识和相关信息的载体。从形象化的符号表示上看，产品设计性能知识的符号表示是与设计知识的形式化语义描述相对应的。从性能知识符号的内容上看，产品设计对象符号承载了相关设计对象的属性信息，由它也可以清晰地分辨出性能知识的作用和分类。

在"作用-反馈"体系下，性能知识可以分为结构性能知识和行为性能知识两类。

结构性能知识在"作用-反馈"体系中一个或多个相关因素的作用下，接受反馈的是产品或组成产品的部件本身，这一类广义性能知识可以用类似图 3.1 的符号形式进行形象的表示和说明。

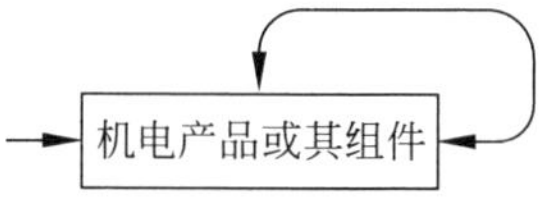

图 3.1　产品结构性能
知识符号表示

行为性能知识是在"作用-反馈"体系中一个或多个相关因素的作用下，接受其所做出反馈的是与产品或组成产品部件相关的除自身外的其他因素，这一类广义性能知识可以用类似图 3.2 的符号形式进行形象的表示和说明。

以大型注塑装备注射部件 A 型螺杆为例,影响 A 型螺杆设计的主要性能知识有长径比性能(B)、转速性能(n)、材料性能(M)、直线度性能(dm)、间隙性能(x)等,可以用如图 3.3 所示的符号进行 A 型螺杆性能知识的表示。

图 3.2　产品行为性能知识符号表示

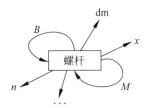

图 3.3　大型注塑装备 A 型螺杆性能
　　　　知识的符号表示

3.2.2　产品性能知识符号结构模型

现实的复杂产品设计中,几乎不存在单一结构或独立存在的设计问题,也不存在单一或独立的性能知识能够驱动复杂产品设计的现象。产品一般都是由相互关联的零部件或其他产品共同构建的,其设计同样也是由具有相互关联的一组性能知识所驱动的。因此,为了更好地支持性能驱动的复杂产品设计,需要应用性能知识的符号构建产品的性能知识符号模型。

反之,所有的产品均可以分解成单一结构的零部件或独立存在的其他产品。即

$$S = \bigcup_{i=1}^{n_S} S_i$$

根据对象结构公理的结构算子可得

$$\oplus S = \bigcup_{i=1}^{n_S} S_i \cup \bigcup_{i=1}^{n_S} \bigcup_{j=1}^{n_S} S_i \times S_j$$

$$= \bigcup_{i=1}^{n_S} \oplus S_i \cup \bigcup_{i=1}^{n_S} \bigcup_{\substack{j=1 \\ j \neq i}}^{n_S} S_i \times S_j \tag{3.7}$$

式中：$\oplus S$——需要进行设计的产品;

　　　S_i, S_j——组成产品的零部件或其他产品;

　　　n_S——组成产品的零部件或其他产品的数量。

由式(3.7)可以看出,需要进行设计的产品零部件($S_i \times S_j$)之间是通过某种关系联系在一起的。另外,某一个零部件也可以由其他具有联系的零部件

$(\oplus S_i)$ 构成。

这种"某种关系"的表述是含糊不清的，可以给"某种关系"附上具有意义的任何信息。假如上述提到的"某种关系"是组成产品零部件或其他产品的从属关系，那么形成的是一个常见的递归并且分等级的产品树形结构符号模型，如图 3.4 所示。

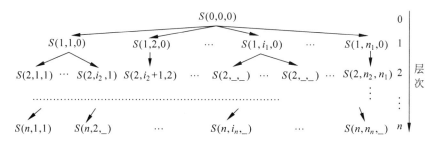

图 3.4　基于从属关系的产品树形结构模型

由图 3.4 可以清楚直观地看出，这种常见的递归并且分等级的产品树形结构符号模型仅仅描述了组成产品的零部件及其他产品的层次和位置，并不能有效地反映出产品零部件结构之间的性能相关设计要素，不足以支持产品设计的全过程。

若在"作用-反馈"体系下，可以将组成产品的零部件 $(S_i \times S_j)$ 之间存在的"某种关系"定义为通过零部件 S_i 和 S_j 所做出的反馈建立起来的话，则构成产品的零部件之间的相互关系可以用一个产品性能知识符号网络来表示，建立一种基于"作用-反馈"体系下的性能知识关联的产品符号模型。按图 3.2 和图 3.3 的性能知识的符号表示方法，可以将如图 3.5(a)所示结构示意的产品用性能知识符号建立产品符号模型，如图 3.5(b)所示。

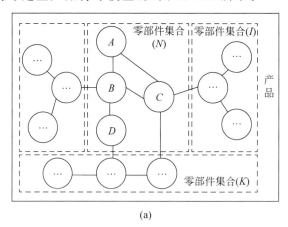

(a)

图 3.5　产品性能知识符号结构建模

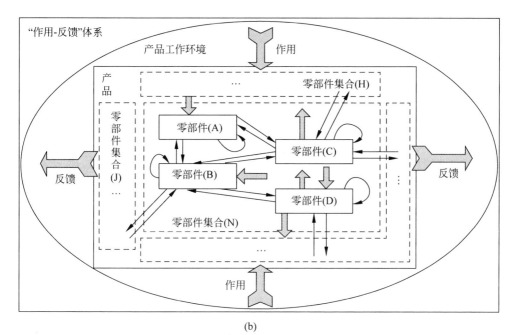

(b)

图 3.5(续)

组成产品的零部件均可以按一定的层次进行分解并进行符号建模,直到分解为单一结构零部件所对应的性能知识单元为止。这种性能知识相关的产品符号建模方法,不仅可以有效表示产品结构的层次与从属关系,而且能够清楚地表达产品结构之间的设计约束关系、装配关系、设计参数、过程变量等性能知识,可更好地支持性能驱动的复杂产品设计。

以大型注塑装备的重要部件顶出部件为例,顶出部件主要由凸轮(Cam)、转轴(Shaft)、键(Key)和滑块(Follower)组成,可按性能知识关联符号建模,如图 3.6 所示。

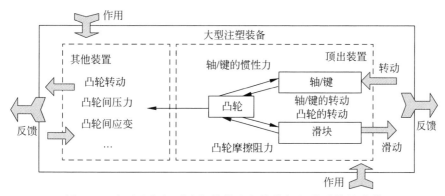

图 3.6　大型注塑机顶出部件按广义性能知识关联符号建模

3.3　性能知识支持下的产品方案派生

3.3.1　性能知识与产品结构方案求解

复杂产品结构方案派生是从用户的需求开始的，而用户对产品的需求则是从产品的性能知识出发的，复杂产品设计的最终目标则是寻求如何实现产品的性能需求的产品解，综合利用具有一定积累的性能知识，从定性到定量，运用多学科性能知识。从而可以看出，性能知识控制着整个产品结构方案派生的全过程。

结构性能驱动的复杂产品结构方案派生看重的是对已有产品性能知识的应用，产品的结构方案派生同样是利用已有的结构性能知识来实现满足用户特定性能需求的实例产品。利用结构性能知识来驱动复杂产品结构方案派生，会使产品结构方案派生更加知识化、个性化和敏捷化，更好地面对产品结构方案派生中性能知识要素的不断增加与目前动态多变的市场环境，以及以计算机技术为核心的数字信息革命迫使机械装备制造业在复杂产品设计方式、制造模式及相关技术方面进行的变革。

产品的结构性能知识之所以能够驱动复杂产品设计，是因为结构性能知识上依附着约束、材料和工艺等产品设计所必需的设计要素。不同的产品具有不同的结构性能知识，不同的性能需求也影响着产品的结构方案派生结果。不同种类产品的主要性能知识也不同，从而决定了不同种类产品在结构上的差别。

结构性能驱动的复杂产品结构方案派生是为了满足用户的个性化性能需求而进行的，一个产品从最早的产品定义开始，到产品平台和产品族的形成、产品设计模型的建立，以至最后产品设计过程的完成，都离不开用户对产品性能需求的信息。产品性能需求信息是在产品结构方案派生中最重要的信息输入源。

结构性能驱动的复杂产品设计的需求，就是对产品性能知识的需求。产品性能知识需求描述指导着产品的结构方案派生。设计的产品必须在其所处"作用-反馈"体系中满足性能知识要求。

结构性能驱动的复杂产品结构方案派生需求描述就是利用性能知识的语义表达方法，定性或定量地、系统地并且完整地描述产品的性能需求，指导产品的结构方案派生。用来描述一个产品性能需求的是一个产品性能知识集，在性能知识语义表达方法的基础上加以改造,使之能够更有利于描述用户对产品性能的需求。

一般来说,在现代计算机参与的复杂产品结构方案派生过程中,用户对产品性能的需求往往还不能直接使用,还需要经过进一步的形式化处理,以便计算机进行处理。这个过程是将用户对产品性能需求中的那些用文本等表述的语义属性转换成计算机可以识别的形式化信息。产品的性能需求可以形式化描述为

$$r^n = \lambda(\mathrm{gp}_i, [\mathrm{gp}_i])$$

式中: r^n——产品的性能需求;

gp_i——产品性能知识,包括结构性能知识和行为性能知识;

$[\mathrm{gp}_i]$——产品性能知识的约束;

λ——逻辑运算关系,包括 $=$ 、 $<$ 、 $>$ 等。

形式化的过程不仅仅要确定产品性能需求的准确含义,而且要根据性能知识集中各性能知识之间的关系进行形式化的变量赋值。

3.3.2　性能知识与实例结构映射机制

性能驱动的复杂产品设计实质上是研究根据结构性能知识研究从性能需求域到产品结构域的映射过程。研究性能驱动的复杂产品结构方案派生方法的目的在于实现产品性能需求域与产品结构域的映射关系达到某种程度的规范化和标准化,以利于支持结构性能驱动复杂产品结构方案派生实现与应用。

产品的性能知识单元都与产品的实例结构相对应,因此,产品的结构可以用一组性能知识集来表示:

$$C = \{\mathrm{gp}_i : i = 1, 2, \cdots, n, \mathrm{gp}_i \in \mathrm{GP}\}$$

反之,在特定的产品"作用-反馈"体系中,一组产品性能需求集可能有一个或多个产品的实例结构与之对应,这就形成了性能知识单元与产品实例结构的映射关系(M)。这种性能知识单元与产品结构的映射关系可以表示为

$$M_i : \mathrm{GPA}_i \leftrightarrow \mathrm{CA}_i \tag{3.8}$$

$$\mathrm{GPA}_i \subseteq A' \times R'$$

$$\{\mathrm{GPA}\} = [D]\{\mathrm{CA}\}$$

式中: $[D]$——产品的结构方案派生矩阵,它表征着产品的结构方案派生过程。

由式(3.8)不难看出,性能驱动的复杂产品结构方案派生过程就是通过设计矩阵在已知的结构性能知识单元与复杂产品实例结构映射关系中搜索和匹

配，寻求设计解的过程。

与一组性能知识集具有映射关系的产品实例结构可能是已知的，但也可能是未知的。如果产品的实例结构已知，就可以充分利用已有的性能知识与产品结构映射关系的建立，实现产品的快速结构方案派生；如果产品的实例结构未知，则需要对结构进行新的设计，保存在结构域中，建立新的性能知识单元与产品实例结构的映射关系，从而实现性能知识的更新、完善与进化。也就是说，产品性能知识和产品实例结构在产品结构方案派生过程中是动态演化的，并不是一成不变的。因此，产品的性能知识单元与产品实例结构之间的映射关系可能会出现以下 3 种情况。

（1）理想映射关系：产品性能知识单元中的一组广义性能知识集与产品实例结构中唯一已知的实例结构确定映射关系，这会导致一个理想的设计解，是在复杂产品结构方案派生中力求达到的映射效果，可实现复杂产品的快速求解。

（2）冗余映射关系：性能知识单元中的一组结构性能知识与产品实例结构中多个已知实例结构确定映射关系，产生了冗余设计，可以通过优化产品结构方案派生结果确定唯一结构解。

（3）耦合映射关系：产品实例结构中不存在已知结构能与结构性能知识单元中的一组性能知识建立映射关系，或者已知的实例结构不能完全满足一组结构性能知识，产生了耦合设计。可通过调整结构性能知识单元的划分来获得理想映射关系或冗余映射关系，也可设计新的未知实例结构与之建立映射关系，使相关性能知识得到更新、完善和进化。

3.3.3　性能知识驱动产品结构方案派生

性能知识驱动的复杂产品结构方案派生过程是根据产品所处"作用-反馈"体系中的性能需求，通过结构性能知识单元与产品实例结构映射关系的建立，完成的产品结构方案派生的过程。一个性能驱动的复杂产品结构方案派生任务可以描述如下。

给定：

（1）一个动态演化的产品组件集合（产品实例结构集合）；

（2）产品性能需求集描述（性能知识集合）；

（3）结构性能知识单元与产品实例结构的映射关系（约束、优化方案）。

求解：

（1）一个满足产品性能需求的产品结构方案派生解集合（该集合可能不完

整，也可能为空）；

（2）一个最优产品结构方案派生解。

由式

$$\oplus S = (\oplus P) \bigcup (\oplus E) \bigcup (P \times E) \bigcup (E \times P)$$

可得产品所处"作用-反馈"体系结构为

$$\oplus S = (\oplus E) \bigcup A \bigcup R \qquad (3.9)$$

其中，$\oplus P$ 在式（3.9）中被隐藏，说明产品结构是未知的。根据产品结构性能知识与实例结构映射表达式（3.8），可将产品性能知识表示为

$$GP'_i = M_i(C_i)$$

则产品的"作用-反馈"体系结构可以更新为

$$\oplus S = \oplus (E \bigcup C_i)$$
$$= \oplus E \bigcup \oplus C_i \bigcup GP'_i \qquad (3.10)$$

由式（3.10）可以看出，当某一组性能需求集和产品实例结构的映射关系确定后，$\oplus (E \bigcup C_i)$ 将会更新成为一个新的产品"作用-反馈"体系。产品结构在性能知识的驱动下不断被添加到设计解中，直到不存在任何产品实例结构可被添加为止，从而完成整个产品的设计过程。

性能驱动的复杂产品结构方案派生过程简易图解如图 3.7 所示（图中箭头表示"作用-反馈"体系结构中的性能知识需求）。

一般的产品结构方案派生任务求解过程在本质上是一个 DCSP（dynamic constraint satisfaction problem，动态约束满足问题），是一个 NP 完全问题。由于性能驱动的产品结构方案派生是直接利用支持计算机辅助设计的产品性能需求集描述

NP 完全问题

方法以及性能知识单元与产品实例结构的映射关系，自上而下、由外到内的逐层求解，使产品结构方案派生求解问题过程得到简化，便于计算机辅助实现，因而没有必要采用一般产品结构方案派生求解的复杂搜索算法。性能驱动的复杂产品结构方案派生的求解算法可以归纳为如下步骤。

步骤 1：输入预处理后产品性能需求集的形式化描述信息。产品结构方案派生中的性能知识约束主要是指那些作用在产品结构上的、在产品设计时由性能需求信息所限定的约束。通常，性能需求一般是某种非形式化的表示，很难直接作为系统的输入，需要按照一定的方法进行预处理。这个过程是将产品性能知识中的那些用非形式化描述的语义属性转换成计算机可以识别、存储和搜索的信息。

步骤 2：从最外层的产品性能需求开始，对产品结构方案派生"作用-反馈"

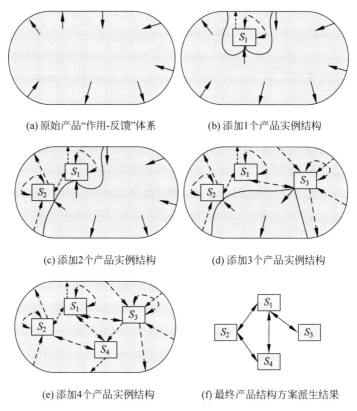

(a) 原始产品"作用-反馈"体系　　　　(b) 添加1个产品实例结构

(c) 添加2个产品实例结构　　　　(d) 添加3个产品实例结构

(e) 添加4个产品实例结构　　　　(f) 最终产品结构方案派生结果

图 3.7　性能驱动的复杂产品结构方案派生过程示意简图

体系结构中的每一个结构性能知识单元进行遍历，形成性能需求集，并确定该性能需求集的有效性。对于产生的任一性能需求集 GP_Set，如果其产品实例结构映射关系 O_Map＝1，即存在已有的实例结构能与之形成映射关系，则该结构性能知识单元可确定为产品的一个有效结构性能知识单元。但是，如果其与实例结构映射关系 O_Map＝0，则执行步骤 3。

步骤 3：根据产品性能需求集之间的全局约束关系，检查是否有与该结构性能知识单元相关的需求约束，如存在这样的需求约束，则该结构性能知识单元可认为有效，设其 O_Map＝1，需要根据结构性能知识单元与实例结构映射进行实例化。否则，设该性能知识单元 O_Map＝2。

步骤 4：对每个 O_Map＝1 的产品结构性能知识单元，根据结构性能知识单元与实例结构映射关系进行产品结构方案派生的实例化。同时更新产品的"作用-反馈"体系结构，引入产品下一层次的结构性能知识单元。

步骤 5：从上到下，由外及内，按深度优先进行搜索求解，直到确定所有的解为止，获得一个满足产品性能需求的设计结果集合。若集合中存在唯一完整的设计结果,则转步骤 8;若集合中存在多个满足需求的设计结果,则转步骤 7;若没有完整的产品结构方案派生结果,则转步骤 6。

步骤 6:对于 O_Map=2 的结构性能知识单元,可能存在两种情况,即一种情况是该结构性能知识单元对应的产品结构实例包含在产品需求性能知识单元的形式化描述信息中,这时可以从信息中直接进行实例化;另一种情况是不存在与该组结构性能知识单元形成映射关系的结构实例,这时需要根据该组结构性能知识单元参数,利用计算机辅助设计软件驱动新的产品结构方案派生,建立并保存新的结构性能知识单元与产品实例结构映射关系,以便下次产品结构方案派生求解时使用。转步骤 8。

步骤 7:在多个产品结构方案派生结果中,根据具体的实际情况选取一个最优设计解。

步骤 8:结束。

第4章

基于奇异值分解的产品设计知识主动推送

4.1　设计知识模型到描述词-设计知识矩阵的转化

4.1.1　产品设计知识物元模型

物元理论是一种描述事物的方法,它通过由事物、特征及相应的特征量值所构成的三元组来表征事物,通过物元理论可以更为形象地描述产品设计知识。

1. 物元的定义

对一给定的事物 M,该事物具有特征 c,特征之量值为 v,以三元组 $R = (M,c,v)$ 来作为描述事物的基本元,即为物元。把事物的名称、事物的特征以及事物的量值称为物元的三要素。一个事物通常会具有许多特征,事物 M 可以通过其具有的特征 $c_1,c_2,c_3,\cdots,c_n$ 和这些特征所对应的特征量值 $v_1,v_2,v_3,\cdots,v_n$ 描述,这时事物 M 可以表示为

$$R = \begin{bmatrix} M & c_1 & v_1 \\ & c_2 & v_2 \\ & \vdots & \vdots \\ & c_n & v_n \end{bmatrix} = \begin{bmatrix} R_1 \\ R_2 \\ \vdots \\ R_n \end{bmatrix}$$

事物 M 即为 n 维物元。物元中的事物具有其内部结构,事物特征和特征值变化会引起物元变化。

2. 物元的三要素

物元的三要素即事物、特征、量值。物元中的事物包括类事物和个事物;特征包括功能特征、性质特征和实义特征等;量值用于表征事物具有的某一特征的度量,量值具有量域、量值域。特征量值的取值范围叫作量域,量值域

是量域应用于某一类事物时取的子集,可记为 V_0,有 $V_0 \in V(c)$,例如 TGK46100 高精卧式镗床工作台最大承重为 2500kg。

3. 物元的特点

物元具备其他模型不具备的特点,物元模型可以描述从低级到高级、从简单到复杂的问题,是描述产品设计知识的逻辑元。物元模型将设计知识的特征与其特征值相联系,其具有内部结构并且内部结构具有可变性。

4.1.2　描述词-设计知识矩阵的生成

不同类别的设计知识物元模型中都有各自设计知识的名称、以关键词描述的摘要以及设计知识用途的简述。为提取出关键描述词,需通过自然语言分词法将知识模型转化为简短的分词,然后将其表示成向量空间模型中由描述词构成的词向量,i 个描述词与 j 条设计知识映射成的 $i \times j$ 矩阵 $\boldsymbol{A}$;矩阵 $\boldsymbol{A}$ 称为描述词-设计知识矩阵,如图 4.1 所示。

$$\boldsymbol{A} = \begin{bmatrix} a_{11} & a_{12} & \cdots & a_{1j} \\ a_{21} & a_{22} & \cdots & a_{2j} \\ \vdots & \vdots & & \vdots \\ a_{i1} & a_{i2} & \cdots & a_{ij} \end{bmatrix} = [\boldsymbol{A}_{f1}, \boldsymbol{A}_{f2}, \cdots, \boldsymbol{A}_{fj}] = \begin{bmatrix} \boldsymbol{A}_{1f} \\ \boldsymbol{A}_{2f} \\ \vdots \\ \boldsymbol{A}_{if} \end{bmatrix}$$

图 4.1　描述词-设计知识矩阵表示图

描述词-设计知识矩阵中的元素表示每个描述词在该条设计知识中的重要性即权重,通过不同描述词的不同权重来区分不同的设计知识。

4.1.3　基于非线性改进 TF-IDF 的矩阵权重值计算

描述词-设计知识矩阵中元素的权重值,可以通过相关设计领域专家来赋予,也可以通过香农信息学理论进行统计确定。但是前者工作量太大,且人为因素随意性强,可行性差,所以一般采用统计学方法进行权重计算。当前普遍采用的公式为 TF-IDF:

$$a_{ij} = \mathrm{tf}_{ij} \times \mathrm{idf}_i \tag{4.1}$$

式中:a_{ij}——描述词在设计知识 d_j 中的权重值;

　　　tf_{ij}——描述词 t_i 在设计知识 d_j 中所出现的频率;

　　　idf_i——描述词负相关于描述词所出现的设计知识条数。

香农信息学理论

式(4.1)表征的意义是,当某一个描述词多次出现于许多设计知识中时,其失去较强的区别性,熵值大,反过来也是如此。

除了经典 TF-IDF 公式外,其他的描述词-设计知识矩阵权重方法主要包括熵权重法和 TF-IDF-IG 法等。

熵权重法的权重计算公式为

$$a_{ij} = \lg(\text{tf}_{ij} + 1.0) \times \left[1 + \frac{1}{\lg N} \sum_{k=1}^{N} \left(\frac{\text{tf}_{ik}}{n_i} \lg \frac{\text{tf}_{ik}}{n_i} \right) \right] \quad (4.2)$$

式中：$\dfrac{1}{\lg N} \displaystyle\sum_{k=1}^{N} \left(\dfrac{\text{tf}_{ik}}{n_i} \lg \dfrac{\text{tf}_{ik}}{n_i} \right)$——特征 i 的平均熵;

N——设计知识条数。

TF-IDF-IG 通过信息增益的方法,来量化描述词在各设计知识中分布比例对描述词-设计知识权重计算的影响情况。

描述词的信息量用信息增益来表示如下：

$$\text{IG}_{ik} = H(D) - H(D \mid t_k) \quad (4.3)$$

其中设计知识集的信息熵为

$$H(D) = \sum_{d_i \in D} \left[P(d_i) \times \log_2(P(d_i)) \right] \quad (4.4)$$

描述词 t_k 的条件熵为

$$H(D \mid t_k) = - \sum_{d_i \in D} \left[P(d_i \mid t_k) \times \log_2(P(d_i \mid t_k)) \right] \quad (4.5)$$

设计知识 d_i 的概率为

$$P(d_i) = \frac{|\text{wordset}(d_i)|}{\displaystyle\sum_{d_i \in D} |\text{wordset}(d_i)|} \quad (4.6)$$

式中：$|\text{wordset}(d_i)|$——设计知识 d_i 中不同的描述词数量。

虽然复杂的描述词-设计知识权重计算方法对设计知识集的表示精度高,但是其计算的复杂度会大幅度上升。而且此类方法也只是通过线性处理,简单计算了描述词出现的频率,并没有考虑描述词出现位置对其权重的不同贡献度。

针对已有计算方法中线性计算方法过于依赖词频导致权重倍数偏差过大的问题,采用非线性函数 $f(x) = x/(2+x)$ 对 TF-IDF 进行改进,以限制权重的线性增加,在保证权重与描述词频正相关的前提下,又使得权重之比不会过大。其函数曲线如图 4.2 所示。

x 的取值从 1 开始,此时 $f(x) = 0.333$,随着 x 增大 $f(x)$ 递增,最终收敛于 1,所以函数 $f(x)$ 的倍数始终限制在 3 以内。此时令 $x = \text{tf}_{ij} \times \text{idf}_i$,则可使得权重倍率限制在 3 之内,通过非线性改进后更加符合自然语言的实际,此时得出权重计算式为

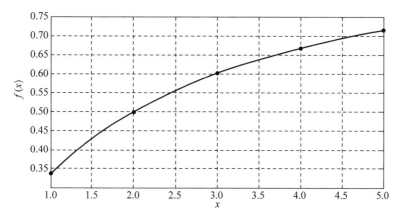

图 4.2　非线性函数 $f(x) = x/(2+x)$ 图

$$a_{ij} = \frac{\mathrm{tf}_{ij} \times \mathrm{idf}_i}{2 + \mathrm{tf}_{ij} \times \mathrm{idf}_i} \tag{4.7}$$

4.1.4　考虑设计知识模型中描述词位置的矩阵权重值计算

设计知识模型中,描述词分布在知识名称、知识摘要与知识用途简述这三个位置。描述词分布在不同位置,由于其重要性是不同的,故在矩阵计算权重时还需要考虑这三个不同位置对描述词词频 tf_{ij} 的影响。

由于设计知识名称中的描述词比设计知识摘要中的描述词更能反映主题关联度,而设计知识摘要中的描述词比设计知识用途简要描述中的描述词更能反映主题关联度,因此本节采用层次分析法(AHP),将描述词出现于知识模型中不同位置时对词频统计的影响因数用 μ 来表示,其中 μ_1 表示设计知识名称,μ_2 表示设计知识摘要,μ_3 表示知识用途简述。

此时给出最终的描述词-设计知识矩阵权重计算公式为

$$a_{ij} = \frac{\left(\sum_{m=1}^{3} \mu_m \mathrm{tf}_{ijm}\right) \times \mathrm{idf}_i}{2 + \left(\sum_{m=1}^{3} \mu_m \mathrm{tf}_{ijm}\right) \times \mathrm{idf}_i} \tag{4.8}$$

层次分析法

式中:a_{ij}——描述词-设计知识矩阵权重值;

idf$_i$——描述词负相关于描述词所出现的设计知识条数;

m——取值为 1、2、3,分别表示设计知识模型中的名称、摘要、简述三个不同位置;

μ_m——描述词出现位置对词频统计的影响因数;

tf$_{ijm}$——描述词在设计知识 d_j 中 m 位置处出现的频率。

4.2　描述词——设计知识矩阵奇异值分解

将描述词-设计知识矩阵 A 映射至低维的向量空间,通过奇异值分解实现降维,与传统的向量空间模型(VSM)中的高维度表示相比化简了向量文档,缩小了问题规模,且能够分析出潜在语义结构。其过程如下。

设 A 为一个由设计知识库映射而成的 $m \times n$ 矩阵,其秩为 r,那么存在 m 阶的正交矩阵 U 和 n 阶的正交矩阵 V,有

$$U^{\mathrm{T}}AV = \begin{bmatrix} \Sigma & 0 \\ 0 & 0 \end{bmatrix} \qquad (4.9)$$

向量空间模型

$A = U\begin{bmatrix} \Sigma & 0 \\ 0 & 0 \end{bmatrix}V^{\mathrm{T}}$ 为矩阵 A 的奇异值分解,式中 U 为左奇异矩阵,其列向量为 A 的左奇异向量,即 AA^{T} 的特征向量;$\Sigma = \mathrm{diag}(\lambda_1, \lambda_2, \cdots, \lambda_r)$,且 $\lambda_1 \geqslant \lambda_2 \geqslant \cdots \geqslant \lambda_r > 0$,$\lambda_i$ 为 A 的奇异值;V 为矩阵 A 的右奇异矩阵,其列向量即 $A^{\mathrm{T}}A$ 的特征向量。

下面根据阶特性、二阶分解性和规范性进行分析。

阶特性:

$\mathrm{r}(A) = r, \quad N(A) = \{v_{r+1}, v_{r+2}, \cdots, v_n\}, R(A) = \mathrm{span}\{u_1, u_2, \cdots, u_r\}$,

$U = [u_1, u_2, \cdots, u_m], \quad V = [v_1, v_2, \cdots, v_n]$

二阶分解性:

$$A = \sum_{i=1}^{r} u_i \cdot \lambda_i \cdot v_i^{\mathrm{T}} \qquad (4.10)$$

规范性:

$$\|A\|_F^2 = \lambda_1^2 + \lambda_2^2 + \cdots + \lambda_r^2, \quad \|A\|_2 = \lambda_1$$

若 $r = \mathrm{r}(A) \leqslant p = \min(m, n)$,对于 $k \leqslant r$,可有

$$A_k = \sum_{i=1}^{k} u_i \cdot \lambda_i \cdot v_i^{\mathrm{T}} \qquad (4.11)$$

则得

$$\min_{\mathrm{r}(B)=k} \|A - B\|_F^2 = \|A - A_k\|_F^2 = \lambda_{k+1}^2 + \lambda_{k+2}^2 + \cdots + \lambda_p^2 \qquad (4.12)$$

$$\min_{\mathrm{r}(B)=k} \|A - B\|_2 = \|A - A_k\|_2 = \lambda_{k+1} \qquad (4.13)$$

可使用 Σ 中的 k 个最大的奇异化因子,剩余奇异化因子为 0 来作为最小二乘矩阵近似代替 A,从而达到去除噪声的目的。同时,只保留 U 的前 k 行,V 的

前 k 列，形成 $\boldsymbol{U}_k$ 和 $\boldsymbol{V}_k$，此时变为

$$\boldsymbol{A}_k = \boldsymbol{U}_k \boldsymbol{\Sigma}_k \boldsymbol{V}_k^{\mathrm{T}} \tag{4.14}$$

从 $\boldsymbol{A}$ 到 $\boldsymbol{A}_k$ 完成降维，且由 $\boldsymbol{A}$ 的 k 个最大的奇异值所构成的 $\boldsymbol{A}_k$ 是与 $\boldsymbol{A}$ 最接近的 k-秩矩阵，它保留了 $\boldsymbol{A}$ 中的大部分原始信息。如图 4.3 所示为描述词-设计知识矩阵奇异值分解降维表示。

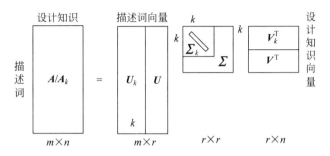

图 4.3　描述词-设计知识矩阵奇异值分解降维图示

原始的空间经过奇异值分解映射到一个新的潜在语义空间，如图 4.4 所示。

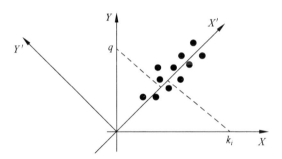

图 4.4　设计知识潜在语义空间图形化表示

图 4.4 中每一个点代表一条设计知识，每一条原始空间中的轴代表一个描述词，在 SVD 中，X' 的方向代表 $\boldsymbol{U}$ 中第一列向量，Y' 的方向代表 $\boldsymbol{U}$ 中第二列向量，奇异值表征缩放比例。Y' 的方向无关紧要，可能表征噪声，所以删除它，将每一个点投影至 X' 上，可以发现设计知识 k_i 包含描述词 X 却不包含 Y，但是当投影至 X' 上之后，与数据点变近。此时如果有一个设计知识需求 q，用传统的关键词语义匹配方式是无法匹配推送设计知识 k_i 的，但是在投影到新的空间之后，就可以匹配到设计知识 k_i。

4.3 设计知识匹配度计算及主动推送

4.3.1 检索条件与设计知识的匹配度计算

检索条件（search condition）是实施设计知识推送时对知识库中设计知识进行检索匹配的条件，由方案设计过程中的设计任务上下文产生，属于设计知识需求，可定义为

$$
Sc = \begin{bmatrix} Sc_1(sc_{11},sc_{12},\cdots,sc_{1m}) \\ Sc_2(sc_{21},sc_{22},\cdots,sc_{2m}) \\ \vdots \\ Sc_n(sc_{n1},sc_{n2},\cdots,sc_{nm}) \end{bmatrix}, \quad m>0,n>0
$$

此处将其中的一个检索条件 Sc_i 向量用 q 来表示（如同用矩阵 A 中的列向量表示），由于通过奇异值分解已经将原始的设计知识转换到新的概念空间并保存于 V_k 中，所以首先需要将 q 投影到设计知识潜在语义空间，将 q 视为原空间中的设计知识，用 A 的列向量表示，通过映射到 V_k^T，形成一列 q_k，显然有

$$
q = U_k \Sigma_k q_k^T \tag{4.15}
$$

得出

$$
U_k^T q = \Sigma_k q_k^T \tag{4.16}
$$

然后可得

$$
\Sigma_k^{-1} U_k^T q = q_k^T \tag{4.17}
$$

最后得到

$$
q_k = q^T U_k \Sigma_k^{-1} \tag{4.18}
$$

此时的检索条件在潜在语义空间产生了语义扩展，如图 4.5 所示。

然后即可在潜在语义空间中计算设计知识需求与知识库中设计知识的相似度。计算相似度时，选择余弦公式进行计算：

$$
Sim(q^k, k_j) = \frac{\sum_{m=1}^{k}(k_{jm} \cdot q_m^k)}{\sqrt{\sum_{m=1}^{k} k_{jm}^2 \cdot \sum_{m=1}^{k}(q_m^k)^2}} \tag{4.19}
$$

式中：q_m^k——在新的语义空间中，知识需求向量中的第 m 个描述词的权重值；

k_{jm}——知识库中第 j 条设计知识的第 m 个描述词的权重值。

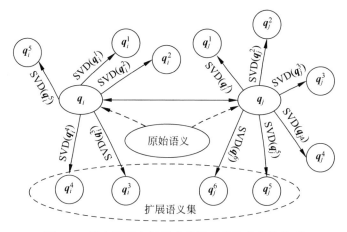

图 4.5　潜在语义空间语义扩展后的检索条件模型

将一个检索条件矩阵中的所有 Sc_i 按照上述过程进行计算,即可完成匹配度计算。

4.3.2　设计知识二阶段排序过滤

在经过检索条件与设计知识的匹配度计算之后,需要对各检索分量匹配出的结果进行排序,通过设定推送阈值 $R_i = \{R_1, R_2, \cdots, R_n\}$,将低于阈值的相关度较低的设计知识去除,进行首次过滤。

假设将推送阈值设置为

$$R_i = \{0.80, 0.80, \cdots, 0.80\}$$

即将检索条件与设计知识相似度高于 0.80 的结果保留,将低于 0.80 的结果去除。

检索结果首次排序过滤的结果为检索分量过滤结果的并集,用 K_Req(Sf) 表示排序过滤结果,如下所示:

$$K\_Req(Sf) = \bigcup_{i=1}^{n} (K_{Req(Sf_i)}), \quad Sf_i \geqslant 0.80, n > 0$$

经过匹配度计算及首次过滤排序后,保留的设计知识符合方案设计过程任务需要,但是尚未考虑设计人员的个性化需求,需要根据设计人员的个人情况,对设计知识进行二次过滤。

首先需要分析用户的知识行为。这里的用户指的是参与方案设计过程的设计人员,所谓知识行为即设计人员阅读、评价或创建设计知识所产生的一系列相关活动,通过用户日志中记录的数据可以提取用户知识行为信息。

本节将用户的行为分为显式行为与隐式行为，其中用户评价或创建设计知识的行为属于显式行为，而用户阅读知识的行为属于隐式行为。显式行为可以通过布尔值或枚举来确定，可通过确定的值来构造用户知识行为模型，但是隐式行为无法直接用于构造用户知识行为模型。

针对用户知识行为中的隐式行为，本节通过用户对设计知识的熟悉度来构造用户知识行为模型。根据德国心理学家 Ebbinghaus 提出的人类记忆遗忘规律来表征设计人员对其所阅读的设计知识的熟悉程度，如下式所示：

$$\Omega_{ki} = \begin{cases} \dfrac{1.2\sin(\varphi\beta_{ki})}{\sqrt[3]{x+1}}, & 0 \leqslant x \leqslant \eta \\ \dfrac{\delta}{1 + \dfrac{\ln(x-\eta+1)}{10}}, & x > \eta \end{cases} \quad (4.20)$$

式中：Ω_{ki}——用户对某知识的熟悉度；

x——当前时间与用户最近阅读知识的时间差换算天数；

φ——记忆曲线的特征参数，表示随知识内聚升高，用户的熟悉度随时间变化而下降速率降低，$0 < \varphi < 1$；

β_{ki}——知识重要度；

η——知识遗忘临界点，通常情况 $\eta = 10$；

δ——遗忘稳定熟悉度参数，有

$$\delta = \frac{1.2\sin(\varphi\beta_{ki})}{\sqrt[3]{\eta+1}} \quad (4.21)$$

然后可设计用户知识行为信息提取算法，该算法通过对用户的用户日志进行轮询，动态读取用户日志对用户知识行为进行统计，从而构造用户知识行为模型。本章设计的用户知识行为信息提取算法流程如图 4.6 所示。

以用户知识行为信息提取算法所生成的用户知识行为模型 Beh_model 为进行设计知识二次过滤的依据，对首次排序过滤后的设计知识列表进行遍历，与用户知识行为模型 Beh_model 进行比对，当满足以下三种情况之一时，将该条知识从推送列表中删除：

（1）设计知识由该用户创建时；

（2）用户对设计知识的优度评价为差时；

（3）计算得出的知识熟悉度大于阈值 θ 时，本节取 $\theta = 0.9$。

将这三类知识定义为非兴趣知识。

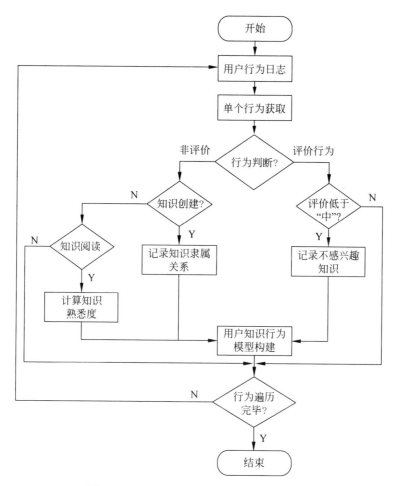

图 4.6　用户知识行为信息提取算法流程

4.3.3　设计知识主动推送

进行方案设计时,根据设计过程上下文产生的设计知识需求,首先通过需求中的查询条件对设计知识库中的设计知识进行检索匹配,匹配之后进行初次排序过滤,保留符合设计情景的设计知识,然后通过该用户知识行为模型对设计知识进行第二次过滤,将第二次过滤之后的设计知识推送给设计人员,实现方案设计知识的匹配优选。该过程的图形化表达如图 4.7 所示。

在图 4.7 中,首先过滤掉 α 轴下方的与方案设计知识情景相关度低的设计知识,然后将 α 轴上方的设计知识根据用户兴趣程度重新排序,过滤掉位于 β 轴左侧的设计知识,剩余 β 轴右侧部分为设计知识最优解集合,给出方案设计知识匹配优选算法如下。

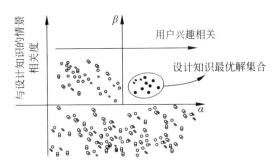

图 4.7　方案设计知识匹配优选图形化表达

步骤 1：对设计知识进行分词处理，选择对设计知识描述意义比较大的实词作为设计知识描述词。

步骤 2：根据 $a_{ij} = \dfrac{(\sum\limits_{m=1}^{3} \mu_m \mathrm{tf}_{ijm}) \times \mathrm{idf}_i}{2 + (\sum\limits_{m=1}^{3} \mu_m \mathrm{tf}_{ijm}) \times \mathrm{idf}_i}$ 计算描述词权重，生成描述词-设计知识矩阵 $\boldsymbol{A}$。

步骤 3：对描述词-设计知识矩阵进行 SVD，$\boldsymbol{A} = \boldsymbol{U} \begin{bmatrix} \boldsymbol{\Sigma} & \mathbf{0} \\ \mathbf{0} & \mathbf{0} \end{bmatrix} \boldsymbol{V}^{\mathrm{T}}$，选取一个 k 值，产生潜在语义空间，$\boldsymbol{A}_k = \boldsymbol{U}_k \boldsymbol{\Sigma}_k \boldsymbol{V}_k^{\mathrm{T}}$。

步骤 4：提取方案设计知识需求中的检索条件集 $\mathrm{Sc} = [\mathrm{Sc}_1, \mathrm{Sc}_2, \cdots, \mathrm{Sc}_n]$，其中 n 为检索条件个数。令 $i=1$ 开始，将检索条件 $\boldsymbol{q} = \mathrm{Sc}_i$ 投影到 k 秩描述词-设计知识概念空间 $\boldsymbol{q}_k = \boldsymbol{q}^{\mathrm{T}} \boldsymbol{U}_k \boldsymbol{\Sigma}_k^{-1}, i \in [1, n]$。将 i 加 1，若 $i < n+1$，则重复步骤 4，否则进入步骤 5。

步骤 5：将通过投影之后的查询向量 $\boldsymbol{q}_k$ 与潜在语义空间设计知识集 $\boldsymbol{V}_k$ 中的向量进行相似度计算 $\mathrm{Sim}(\boldsymbol{q}^k, \boldsymbol{k}_j) = \dfrac{\sum\limits_{m=1}^{k}(k_{jm} \cdot q_m^k)}{\sqrt{\sum\limits_{m=1}^{k} k_{jm}^2 \cdot \sum\limits_{m=1}^{k}(q_m^k)^2}}$，得出检索条件与设计知识的匹配度。重复步骤 5，直到完成所有的共 n 个 $\boldsymbol{q}_k$ 的相似度计算，则转入步骤 6。

步骤 6：对 n 个 $\boldsymbol{q}_k$ 匹配结果进行排序，根据过滤阈值 $R = 0.8$，去除各 $\boldsymbol{q}_k$ 相似度低于 R 的设计知识，保留高于 R 的设计知识，完成初次排序过滤，结果为各 $\boldsymbol{q}_k$ 匹配过滤结果的并集。以 $\mathrm{K\_Req(Sf)}$ 表示排序过滤结果，有

$$\mathrm{K\_Req(Sf)} = \bigcup_{i=1}^{n}(K_{\mathrm{Req}(\mathrm{Sf}_i)}), \mathrm{Sf}_i \geqslant 0.80, n > 0.$$

步骤7：根据用户知识行为模型，对设计知识进行二次过滤。以 K_Req(Sf)表示用户过滤结果，若 Sf$_i$ 不是由该设计人员创建的设计知识且评价等级在"中"以上，且熟悉度小于阈值，则 Sf$_i$∈K_Req(Sf)，否则 Sf$_i$∉K_Req(Sf)。

步骤8：推送最终结果列表，以 KL$_i$ 表示推送的设计知识，则 m 个推送知识组成的推送集为 KL=（KL$_1$，KL$_2$，…，KL$_m$）。

其算法流程如图4.8所示。

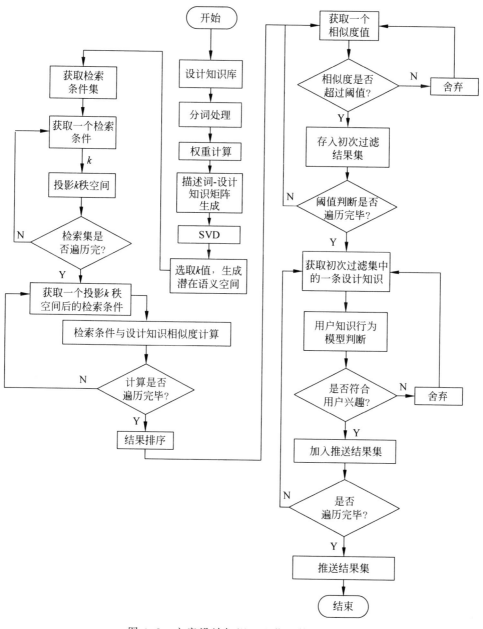

图4.8　方案设计知识匹配优选算法流程

第5章

基于演化博弈的概念设计功构映射求解

5.1 面向需求满足的产品概念设计质量特性获取

5.1.1 客户需求模糊筛选及重要度确定

一般来说,用户对于想象中的产品的描述会比较笼统、模糊,缺乏系统性,因此需要对客户需求进行整理、筛选和分析,进而采用一定的技术确定其重要度。

通常对客户需求的筛选建立在归纳分类的基础上。将客户需求按照包含关系分为包容关系、交叉关系、独立关系,筛选过程中去掉被包容的客户需求、去掉交叉关系中的交叉部分转而构建一个新的客户需求。这种方法非常粗糙,不够科学、严谨,本节在初始筛选基础上采用模糊 Kano 模型协助进行客户需求分类,并根据分类结果调整初始客户需求权重。

Kano 模型示出了用户满意度与客户需求实现的关系。如图 5.1 所示,x 轴、y 轴分别表示需求实现程度和用户满意度。根据图中各类需求的特点,对用户需求进行如下分类。

(1)基本型需求:此类需求被认为是必需的,若得不到满足,用户将极不满意。

(2)期望型需求:也称为一维需求,用户满意度与需求的实现程度呈正比,实现程度越高,用户满意度越高;反之亦然。

(3)兴奋型需求:若需求得到满足,用户将非常满意;若需求不能满足,用户满意度也不会因此降低。

(4)无关型需求:此类需求得到满足与否,用户满意度都不受影响。

(5)反感型需求:与基本型需求相反,若此类需求得到满足,用户将极不满意。

需求分类是在用户意见的基础上,设计需求调查表(包括正反两个问题),然后对调查结果进行分类和统计。以透平膨胀机方案设计中"振动小"这一需求为例设计的调查表如表 5.1、表 5.2 所示。表 5.1 中 M、O、A、I、R 分别代表基本型需求、期望型需求、兴奋型需求、无关型需求和反感型需求,而 Q 表示该被调查者做出的选择可疑,不合逻辑。表 5.2 中专家对正向、反向两个问题给出模糊评价值 $\tilde{f}_i$、$\tilde{d}_i(i=1,2,\cdots,5)$。其中评价值区间为 $[0,1]$,专家根据自己的确定程度给出评价值,确定程度由 $0\sim1$ 递增,可取 $0\sim1$ 之间任意数。

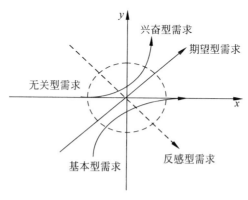

图 5.1　Kano 模型

表 5.1　需求属性调查表

设计需求 2 \ 设计需求 1		若产品设计不满足需求"振动小"				
		我非常喜欢	这是必需的	我保持中立	我可以接受	我很不喜欢
若产品设计满足需求"振动小"	我非常喜欢	Q	A	A	A	O
	这是必需的	Q	Q	I	I	O
	我保持中立	R	I	I	I	M
	我可以接受	R	I	I	I	M
	我很不喜欢	R	R	R	R	Q

表 5.2　模糊 Kano 评价调查表

需求满足情况 \ 需求等级	我非常喜欢	这是必需的	我保持中立	我可以接受	我很不喜欢
若产品设计满足该需求	$\tilde{f}_1$	$\tilde{f}_2$	$\tilde{f}_3$	$\tilde{f}_4$	$\tilde{f}_5$
若产品设计不满足该需求	$\tilde{d}_1$	$\tilde{d}_2$	$\tilde{d}_3$	$\tilde{d}_4$	$\tilde{d}_5$

设有 h 个专家参与问卷调查，记为 $T=\{t_i\}_{i=1}^h$，专家的权重为 $W=\{w_i\}_{i=1}^h$，且 $\sum\limits_{i=1}^h w_i=1$。

专家对正向、反向问题的评价记为 $\widetilde{F}=\{\tilde{f}_j\}_{j=1}^m$，$\widetilde{D}=\{\tilde{d}_k\}_{k=1}^m$（$m=5$），即为 M、O、A、I、R 五个需求类型。单个需求的模糊模式识别步骤如下。

步骤1：建立需求的模糊评价集为 $\widetilde{F}_i=\{\tilde{f}_{ij}\}_{j=1}^m$，$\widetilde{D}_i=\{\tilde{d}_{ik}\}_{k=1}^m$（$i=1,2,\cdots,h$；$m=5$）。

步骤2：对评价集进行标准化，如下式：

$$\begin{cases}\widetilde{F}^{\mathrm{nor}}=\{\tilde{f}_j^{\mathrm{nor}}\}_{j=1}^m=\left\{\sum\limits_{i=1}^h w_i\tilde{f}_{ij}\Big/\sum\limits_{j=1}^m\tilde{f}_{ij}\right\}\\[3mm]\widetilde{D}^{\mathrm{nor}}=\{\tilde{d}_k^{\mathrm{nor}}\}_{k=1}^m=\left\{\sum\limits_{i=1}^h w_i\tilde{d}_{ik}\Big/\sum\limits_{k=1}^m\tilde{d}_{ik}\right\}\end{cases}\tag{5.1}$$

式中：$\tilde{f}_j^{\mathrm{nor}}$、$\tilde{d}_k^{\mathrm{nor}}$——标准化后的正向、反向问题的模糊评价值。

步骤3：建立模糊关系集 $\widetilde{G}$：

$$\widetilde{G}=\widetilde{F}^{\mathrm{nor}}\times\widetilde{D}^{\mathrm{nor}}=\{\tilde{g}_{jk}\}_{j,k=1}^m=\{\tilde{f}_j^{\mathrm{nor}}\cdot\tilde{d}_k^{\mathrm{nor}}\}\tag{5.2}$$

步骤4：模糊关系集 $\widetilde{G}$ 中的元素根据表5.1对应Kano分类集 $C=\{M,O,A,I,R,Q\}$ 中的六个类别，将同类模糊评价值相加，如下式：

$$\begin{cases}\widetilde{M}=\tilde{g}_{35}+\tilde{g}_{45}, \quad \widetilde{O}=\tilde{g}_{15}+\tilde{g}_{25}, \quad \widetilde{A}=\tilde{g}_{12}+\tilde{g}_{13}+\tilde{g}_{14}\\[2mm]\widetilde{I}=\sum\limits_{k=3}^4\tilde{g}_{2k}+\sum\limits_{k=2}^4\tilde{g}_{3k}+\sum\limits_{k=2}^4\tilde{g}_{4k}, \quad \widetilde{R}=\sum\limits_{i=3}^5\tilde{g}_{i1}+\sum\limits_{k=2}^4\tilde{g}_{5k}\\[2mm]\widetilde{Q}=\tilde{g}_{11}+\tilde{g}_{21}+\tilde{g}_{22}+\tilde{g}_{55}\end{cases}\tag{5.3}$$

步骤5：比较 $\widetilde{M}$、$\widetilde{O}$、$\widetilde{A}$、$\widetilde{I}$、$\widetilde{R}$、$\widetilde{Q}$ 的大小，取最大数，记为 $\tilde{z}=\max\{\widetilde{M},\widetilde{O},\widetilde{A},\widetilde{I},\widetilde{R},\widetilde{Q}\}$。设定阈值 α，若 $\tilde{z}\geqslant\alpha$，则确定该客户需求属于最大数对应的类别，否则评价无效，需重新进行专家评价，然后转步骤1。

设共有 r 个客户需求，记作 $\mathrm{CR}=\{\mathrm{CR}_i\}_{i=1}^r$，对每个客户需求进行模式识别。最后根据客户需求的类别进行筛选，剔除属于 I、R、Q 的需求，保留属于 M、O、A 的客户需求。客户需求的重要度调整系数IR根据其类别进行调整。根据Kano模型理论，存在如下关系：

$$\mathrm{IR}=(\mathrm{IR}_0)^{1/k}\tag{5.4}$$

针对 M、O、A 三个类别，式中系数 k 的取值分别为0.5、1.0和1.5。IR_0 为初始改进系数，且 $\mathrm{IR}_0=T/C$。其中 T、C 分别为客户满意度目标值和当前客户满足度，由问卷调查获取相关信息。

完成以上工作后,通过下式计算客户需求的重要度:

$$w_{\mathrm{cr}}^{i} = \frac{e_i \times \mathrm{IR}}{\sum\limits_{i=1}^{n}(e_i \times \mathrm{IR})} \tag{5.5}$$

式中:n——筛选得到的客户需求的个数;

　　　e_i——问卷调查中专家给出的初始客户需求重要度的加权平均数,使用 1、3、5、

　　　　　7、9 五档数值进行评价,分别对应极不重要、不重要、一般、重要、极重要。

5.1.2　质量特性模糊获取及重要度确定

产品质量特性(quality characteristic,QC)由来自产品全生命周期各阶段的专家和技术人员根据已确定的客户需求通过头脑风暴集思广益来获取。同初始客户需求一样,初始产品质量特性间存在包容关系、交叉关系和独立关系,同理去掉被包容的质量特性、去掉交叉关系中的交叉部分并构建新的质量特性。设去除冗余后共有 k 个产品质量特性。产品质量特性两两之间存在互相关关系,同时客户需求与产品质量特性之间存在着交互关系,则对产品质量特性重要度进行分析和计算时要同时考虑这两种关系。因此,采用网络分析法(analytic network process,ANP)对产品质量特性进行分析并获得其重要度。

网络分析法

(1) 客户需求与产品质量特性间的重要度分析。确定 CR 与 QC 之间的重要度关系时,假定 QC 之间不存在互相关关系,针对每一项 CR_i,将 QC 互相比较,得到与该项 CR_i 相关的 QC 之间的重要度关系矩阵 $\boldsymbol{R}_i$。其中,$r_{ij} \in [0,9]$,当 $r_{ij} \neq 0$ 时,$r_{ji} = 1/r_{ij}$;反之,$r_{ji} = r_{ij} = 0$。利用层次分析法(analytic hierarchy process,AHP)求得针对 CR_i 产品质量特性之间的相对重要度矢量 $\boldsymbol{w}_i = (w_{1i}, w_{2i}, \cdots, w_{ii}, \cdots, w_{ni})^{\mathrm{T}}$,其中,$\sum\limits_{j=1}^{n} w_{ji} = 1$。由此可得针对 CR_i 产品质量特性间的重要度关系矩阵 $\boldsymbol{W}_{\mathrm{cr-qc}}$。

$$\boldsymbol{R}_i = \begin{bmatrix} r_{11} & r_{12} & \cdots & r_{1i} & \cdots & r_{1n} \\ r_{21} & r_{22} & \cdots & r_{2i} & \cdots & r_{2n} \\ \vdots & \vdots & & \vdots & & \vdots \\ r_{i1} & r_{i2} & \cdots & r_{ii} & \cdots & r_{in} \\ \vdots & \vdots & & \vdots & & \vdots \\ r_{n1} & r_{n2} & \cdots & r_{ni} & \cdots & r_{nn} \end{bmatrix}$$

$$W_{cr-qc} = \begin{bmatrix} w_{11} & w_{12} & \cdots & w_{1i} & \cdots & w_{1n} \\ w_{21} & w_{22} & \cdots & w_{2i} & \cdots & w_{2n} \\ \vdots & \vdots & & \vdots & & \vdots \\ w_{i1} & w_{i2} & \cdots & w_{ii} & \cdots & w_{in} \\ \vdots & \vdots & & \vdots & & \vdots \\ w_{n1} & w_{n2} & \cdots & w_{ni} & \cdots & w_{nn} \end{bmatrix}$$

（2）产品质量特性间的互相关重要度分析。产品质量特性间的重要度关系用矩阵 W_{qc} 来表示。在考虑某一质量特性 QC_i 与其他质量特性的相关关系的基础上，针对 QC_i 确定其他质量特性间的相对重要度，得到相应的相对重要度矩阵 $R'_i = [r'_{ij}]^k_{i,j=1}$，同 r_{ij} 类似，$r'_{ij} \in [0,9]$，当 $r'_{ij} \neq 0$ 时，$r'_{ji} = 1/r'_{ij}$；反之，$r'_{ji} = r'_{ij} = 0$。同样，利用 AHP 法得到针对 QC_i 其他质量特性间的相对重要度矢量 $w'_i = (w'_{1i}, w'_{2i}, \cdots, w'_{ii}, \cdots, w'_{ki})^T$，其中 $\sum_{j=1}^{k} w'_{ji} = 1$。从而求得质量特性间的重要度关系矩阵 $W_{qc} = [w'_{ij}]^k_{i,j=1}$。

（3）产品质量特性重要度确定。考虑到产品质量特性间的互相关关系，由 W_{cr-qc} 和 W_{qc} 得到客户需求与产品质量特性间的重要度关系矩阵 $W_{cr-qc} = W_{qc} \times (W_{cr-qc})^T$。由 5.1.1 节已得到的客户需求重要度 $W_{cr} = [w^i_{cr}]^n_{i=1}$，综合客户需求对产品质量特性的影响，由下式计算可得产品质量特性的重要度：

$$W_{qc} = [w^i_{qc}]^k_{i=1} = W'_{cr-qc} \times (W_{cr})^T \tag{5.6}$$

5.2 产品概念设计质量特性的多域映射

5.2.1 面向质量特性的功能域和结构域

产品概念设计中产品质量特性与产品结构树之间的映像关系错综复杂，因为产品质量特性与产品结构之间并非一对一关系，而同时存在多对一和一对多的关系，这样就导致质量特性对应的产品结构树过于庞大，使得映像分解关系将非常复杂、烦琐，并且容易造成信息丢失从而导致产品质量无法保证。为此，可以考虑在公理化设计理论中由产品功能域到产品结构域映射的原理的基础上，引入产品功能域作为产品质量特性向结构域映射的中介，引导质量特性向产品结构树的映射，据此设计得到的产品能够实现预期的产品质量特性，如图 5.2 所示。

实现产品质量特性向结构域映射的基础包括：①功能分解。首先需要确

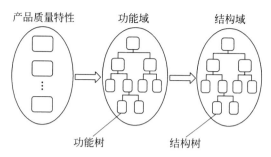

图 5.2　质量特性通过功能域向结构域映射

定功能树的第一层即同产品质量特性有关的一级产品功能,然后由基于功能方法树的设计对象分析方法针对产品的一级功能逐步进行划分,从而形成面向质量特性的产品功能树,功能树最底层称为功能元。②结构分解。在产品功能分解的基础上,由专家和设计人员根据知识和经验在产品数据库内搜寻与产品各级功能对应的结构组件,从而得到与功能树对应的产品结构树,与功能元对应的结构树底层称为子结构,至此完成质量特性的功能分解。

得到产品质量特性映射的功能域和结构域后,综合考虑各种设计约束,在功能满足的条件下寻求诸多约束的有效结构组合,以质量特性的满足程度为评价准则得出最优产品设计方案。这实际上就是一个约束满足问题。

5.2.2　产品概念设计功构映射建模

产品概念设计可描述为一个四元组 $DP = (FM, Requ, S, C)$,其中:FM 为产品质量特性的功能分解模型,产品概念设计以此为基础;Requ 为用户的设计需求描述;S 为产品质量特性的结构分解模型;C 为作用于 FM 上的各类约束,包括功能约束、结构约束和关系约束。产品概念设计的概念框图如图 5.3 所示。

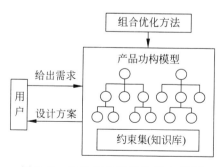

图 5.3　产品概念设计的概念框图

约束满足问题(CSP)是一种知识表示的方式,使用变量和约束来对知识进行表示,变量和约束具体化为对象、概念的关系,是一切抽象或客观存在事物的组成要素,并且 CSP 框架具有描述性能高、领域无关和使用简单等特点,因此可以很广泛地用于对各种问题的表示和求解。目前,约束满足问题在模式识别、语言理解、规划和诊断等领域都有非常广泛的应用。

产品概念设计功构映射是一个有约束的系统求解问题,可以将其映射到约束满足问题中来表示。以 CSP 中的变量及域表示方案设计中的功能元及与其相匹配的子结构集合,以约束集表示方案设计中的规则集合,则功构映射问题就转换为等价的 CSP 问题,对产品设计方案的求解也就转化为对等价 CSP 的求解。如图 5.4 所示,这种方案设计功构映射概念和 CSP 系统之间直接的映射说明约束满足问题适合于描述基于质量特性功构映射的产品概念设计,表达产品概念设计的信息。

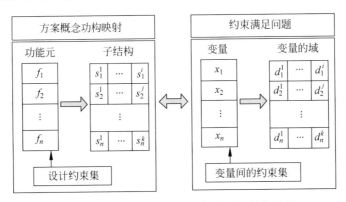

图 5.4   产品概念设计与约束满足问题的映射

根据产品概念设计的概念及特性,用以下两种变量形式来表达功构映射信息模型。

(1) 功能变量(V_{fun})。产品功能结构图中的功能元功能变量的值域为离散值域,对应功能元的可选子结构集。如透平膨胀机的制动功能以功能变量 brake 表示,对应值域为制动功能的子结构集,$D(\text{brake}) = \{\text{pressure, fan, electrical, oil}\}$。

(2) 属性变量(V_{pro})。除功能变量外,设计中需要将一些结构的属性也表达为变量,比如电机制动透平膨胀机的电机功率,此类变量称为属性变量(V_{pro}),属性变量依赖于功能变量。属性变量的值域为离散值域或连续值域,视具体属性而定,如电机功率的值域为

$$D(\text{moter power}) = \{25\text{kW}, 50\text{kW}, 75\text{kW}, 100\text{kW}\}$$

为离散值域。一般地,在产品概念设计功构映射 CSP 模型中,属性变量较少甚至没有。

约束条件的处理在方案设计阶段具有重要作用。设计约束有以下几种。

(1)功能约束(C_{fun})。功能约束对应产品的功能设计需求,作用于各功能元之间,功能元之间存在组合、耦合和冲突等约束关系。功能约束作用于功能分解过程中,影响功能分解粒度,同时功能约束也对子结构的选择、组合起作用。

(2)结构约束(C_{str})。结构约束对应设计目标和附属要求。结构约束包括由子结构的物理属性所限定的约束,由功能约束间接作用于子结构选择和组合中产生的约束,以及一些附属的结构设计要求。

(3)关系约束(C_{rel})。关系约束作用于功能结构映射过程中。包括从功能到结构的对应关系以及从结构到功能的对应关系。

归根结底,设计约束最终都体现在子结构的组合优化中,考虑 CSP 模型求解的特性,需要对各类约束进行统一的形式表达,因此将变量间的各类约束统一表达为依赖约束(C_{dep})。

依赖约束用于表达功能变量、属性变量之间的可能有效取值组合。方案设计中功能约束、结构约束及关系约束无不是对变量取值组合的约束,因此均可经过一定的逻辑判断和形式变换统一表达为依赖约束。依赖约束包括二元和多元的约束形式,以二元依赖约束较为常用。一个二元依赖约束表达为

$$C(x_i, x_j) = \{(d_{i1}, d_{j1}), \cdots, (d_{ik}, d_{jk})\}$$

式中:x_i、x_j——变量;

d_{ik}、d_{jk}——对应变量值域范围内的一个取值。

例如减速器和制动器之间的依赖约束可以表达为

$$C(\text{reducer}, \text{brake}) = \{(\text{planetary}, 风机), (\text{planetary}, 电机), (\text{gear}, 电机)\}$$

通过以上分析,基于 CSP 框架的产品概念设计功构映射模型可用图 5.5 表示。

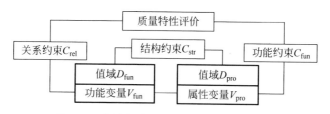

图 5.5　产品概念设计功构映射 CSP 模型

建立产品概念设计功构映射的等价 CSP 模型后，下一步就是对该等价 CSP 模型进行求解。

5.3 功构映射求解的演化博弈算法原理

约束满足问题的传统求解方法分为系统法和随机法。系统法通过对整个解空间进行系统的搜索来得到问题的解。回溯算法是最基本的系统搜索方法。系统法求解 CSP 是完备性的，能够得到问题的所有解，但是求解效率低。而随机法的目的是在可行的时间内快速找到问题的一个解，适用于规模比较大的 CSP 问题。已提出的随机算法有启发式算法、人工神经网络、遗传算法等。产品概念设计功构映射 CSP 模型一般涉及的变量较多，因此采用随机法进行求解比较可行。

5.3.1 演化博弈算法的基本概念

演化博弈是一种新的智能算法，是以经济学博弈理论为基础结合动态演化计算的一种优化算法，已在一些组合优化问题（如装箱问题）中得到应用，并取得显著效果。产品概念设计功构映射 CSP 模型求解是一个组合优化问题，演化博弈算法以效用最大化为目标，以构造主体策略组合的方式搜索整个策略空间，同时兼顾解的局部性能和整体性能，这与方案设计功构映射 CSP 模型求解的组合原则相似，因此将演化博弈算法用于求解产品概念设计功构映射 CSP 模型在原理上是可行的。演化博弈算法通过将方案设计功构映射 CSP 模型的搜索空间映射为博弈的策略组合空间，将评价函数映射为博弈的效用函数，通过理性主体的效用最大化行为达到演化均衡，并不断对均衡状态施加扰动而重新达到均衡，最终得到对应于全局最优解的帕累托（Pareto）最优均衡状态，从而求解出问题。

帕累托最优
均衡状态

博弈论从本质上来说是用来帮助人们分析和理解决策主体相互作用时的现象的一种工具。一个基本的博弈由三个基本要素组成：①博弈主体 i，即发生相互作用的决策主体；②策略集 S，是决策主体可选择的决策和行动空间；③效用 u，是可以定义或量化的决策主体的利益。博弈主体在一定的规则约束下，依靠所掌握的信息，选择各自的策略，并获得效用或收益。

定义：若策略组合 S^* 对任意博弈主体 i 的任意策略 $s_i \in S_i$ 都满足

$$u_i(s_i^*, S_{-i}^*) \geqslant u_i(s_i, S_{-i}^*)$$

(5.7)

则称 S^* 为一个纳什均衡,其中 S_{-i} 表示除主体 i 之外其他主体的策略组合。若当 $s_i \neq s_i^*$ 时,式(5.7)中仅大于号成立,则称 S^* 为一个严格纳什均衡。

纳什均衡

设 $G = [I, S, U]$,$S_{-i} = \prod S_k (k = 1, 2, \cdots, n, k \neq i)$,若
$$B_i(s_{-i}) = \{ s_i^* \in S_i : u_i(s_i^*, S_{-i}) \geqslant u_i(s^{(i)}, S_{-i}), \forall s^{(i)} \in S_i \},$$
则称 $B_i : S_{-i} \to S_i$ 为主体 i 的最优反应对应(best-response correspondence)。博弈主体选择当前局势下使自己的效用最大的策略,称为该主体在这一策略组合形势下的最优反应对应,所有主体的顺序交替最优反应对应的动态过程称为最优反应动态。

若在最优反应动态的某一有限时刻 t 之后的每一时刻,博弈主体维持同一策略组合不变,则称该策略组合是一个稳态。在某一策略组合形势下,若策略组合 S^* 是一个严格纳什均衡,且在最优反应动态的时刻 t 被选用,则在随后的时刻中 S^* 都将被选用,主体得到稳态策略组合。

下面给出演化博弈算法的具体形式,记演化博弈算法为 EGA(evolutionary game algorithm),用五元组来表示它:
$$\text{EGA} = (G, S_0, \alpha, \zeta, \tau)$$

各元组描述如下。

1. 博弈结构 G

博弈结构包含主体、策略、效用,分别记为 I、S、U,则 $G = [I, S, U]$。

方案设计功构映射 CSP 模型中 n 个功能元变量为博弈问题的参加者,各功能元的子结构集,则映射为博弈主体的策略集,即 $s_i, i \in I$。变量的域中的每个元素为主体的策略,且 $s_{ik} \in \{0, 1\}$($1 \leqslant k \leqslant j$,$j$ 为策略集的势)。例如表示一个功能元 i 的决策映射时,该功能元选择第 4 个子结构(共 j 个可选子结构),则 $s_{i4} = 1, s_{ik} = 0$($1 \leqslant k \leqslant j, k \neq 4$)。设 $j = 8$,则该功能元主体的策略就组成了一个对应的二进制位串,即 00010000。n 个功能元主体的策略组合 S 对应 CSP 模型的一个解,同一策略组合下各主体的效用相等。

演化博弈算法由效用函数来指导演化的过程。效用函数定义了一个系统状态集合上的偏好关系。设各主体的效用函数相同,求解方案设计功构映射 CSP 模型时将方案设计质量特性评价函数映射为效用函数。质量特性评价函数是产品概念设计的目标函数,因此从本质上来说,效用函数即是演化博弈算法优化求解的目标函数。下面给出产品方案设计功构映射 CSP 模型效用函数的形式化表达:

$$U_i = \begin{cases} f(S), & \text{如果可行} \\ f(S) - f_{\max}, & \text{其他} \end{cases} \qquad i \in I \qquad (5.8)$$

其中

$$f(S) = \sum_{i=1}^{n} G_i = \sum_{i=1}^{n} \sum_{l=1}^{k} f_{ij}(V_{il}) w_{il}$$

式中：$f_{\max}$——至当前演化博弈代数为止主体效用的最大值；

G_i——第 i 个功构单元的质量特性评价值；

V_{il}——功能元 i 的第 l 个质量特性评价值，这里 $1 \leqslant l \leqslant k$，$k$ 为质量特性
    评价指标总数；

w_{il}——相应质量特性评价指标的权重；

$f_{ij}(V_{il})$——以 V_{il} 为评价指标时功能元 i 选择第 j 个子结构的满足度。

式(5.8)中约束为 CSP 模型中的依赖约束集合，约束条件给出了各变量间的相容取值集合，对应于各功能元间的相容策略集合。若各功能元选中的策略没有违反约束则按相应的公式计算效用值，否则当前效用值减去 $f_{\max}$。这个措施保证了无论系统初始状态如何，当所有变量进行了一次策略调整后，系统状态一定为合法解。需要说明的是，效用函数中的相关参数的获取是建立在产品概念设计相关知识库基础上的，获取、表达以及积累这些知识来构建数据库是可行而方便的。

绝大多数的智能算法对于约束条件的处理采用惩罚函数的方法，对应本算法即效用函数取为评价函数减去不满足约束条件时的惩罚项：$U_i = f(S) - f_{\text{pun}}$。这种约束条件的处理方法的主要缺点是惩罚函数的确定比较困难，不管罚函数是一个实常数还是一个与约束条件相关的函数，实常数和罚函数中的惩罚系数都需要多次的反复计算才能确定一个比较合理的系数。式(5.8)是另一种有效的处理约束条件的方法。由式(5.8)可以得到，所有的不可行策略组合的效用值都小于可行策略组合的效用值，因此，在演化过程中，不可行策略组合将被淘汰，而可行策略组合将会以较大的概率保存下来。

2. 初始局势 S_0

演化博弈从初始局势开始，初始局势对算法求解的速度和质量都有非常大的影响。目前，大部分文献应用智能算法时一般采用的是随机初始化，使得初始解的质量偏低，导致要增加演化代数来达到最优解或近似最优解，这势必增加优化时间。针对产品概念设计功构映射 CSP 模型的特点，采用一种新的初始化方法——有限约束选择法，使得功能元主体在违反有限数量约束的条件下，尽量最大化主体的效用。有限约束选择法按功能元权重降序排列依次

作为功能元选择的子结构,同时设定初始化可违反约束数量 N,最终得到的初始解需满足违反约束数量 $N_u \leqslant N$ 的条件。具体执行步骤如下。

步骤 1:将功能元主体按照权重降序排列。

步骤 2:按照排列顺序依次为各功能元主体选择子结构,选择时以效用最大为原则。

步骤 3:对照方案设计约束条件检测当前策略组合违反约束的数量 N_u,若 $N_u \leqslant N$ 转步骤 6,否则继续步骤 4。

步骤 4:违反约束的功能元主体按违反的约束数量从大到小更换新的策略,直到 $N_u \leqslant N$,若不能实现转步骤 5。

步骤 5:将需要更换策略的功能元主体扩展到未违反约束的功能元,以此类功能元主体权重的升序排列依次进行策略更换,直至 $N_u \leqslant N$。

步骤 6:结束算法初始化,得到初始局势 S_0。

这种初始化方法可以保证主体效用相对较大的策略被选为初始策略,而且其违反的约束数量较小,从而使得后续的演化博弈能够进一步优化得到最优解(说明:初始解不需要一定是可行解,违反约束数量少的不可行初始解经过演化博弈可以消除约束冲突得到可行解)。为了保持演化博弈一定的随机性,进行初始化时仍有一定比例的主体策略采用随机初始化方法,为功能元主体随机选择其策略。

3. 寻优算子 α

博弈论的一个基本假设是参与博弈的主体是经济理性的,在博弈过程中各主体始终追求自身效用最大化,寻优算子 α 即为主体在演化局势中的最优反应。

在某一局势下,功能元主体根据最优反应动态顺序选择(按照 W_i 的降序排列)各自的子结构,如果新的结构组合的效用优于当前组合的效用则更新当前结构组合,否则保持原来的结构组合。

博弈局势必在主体两次最优反应动态过程之后达到均衡状态。证明:①若主体经过一次最优反应动态后达到的策略组合 S 为非可行解,则说明该策略组合违反了约束(一个或多个),则其效用 $U = f(S) - f_{max}$,f_{max} 大于当前所有可行解和非可行解的效用,则 $U < 0 < U_{fea}$(U_{fea} 表示所有可行解的效用),所以主体可以通过改变策略增大自己的效用,因此得到的策略组合并非主体的最优反应对应,矛盾。②主体第二次最优反应动态的开始局势是可行解,则此动态过程历经的状态均为可行解,若此后达到的策略组合不是均衡状态,则存在主体通过改变策略增大自己的效用,同①一样的道理,矛盾。

4．均衡扰动算子 ζ

设 S 和 S' 分别为策略组合，则称映射 $\chi : S \rightarrow S'$ 为一个局势变换。若 Ω 为样本空间，$\omega \in \Omega$ 为随机事件，则称随机映射 $\kappa : \omega \rightarrow \chi$ 为一随机局势变换。令 Θ 为参数空间，$\theta \in \Theta$ 为演化参数，则称映射 $\zeta : \theta \rightarrow \kappa$ 为一均衡扰动算子。

当功能元无法选择更优的结构组合来更新系统状态，即整个系统达到了纳什均衡状态时，便得到了一个局部最优解。为了能够进一步演化以得到全局最优解，需要施加均衡扰动算子 ζ 以使系统偏离原均衡状态，再由各功能元顺序进行最优反应恢复到新的均衡状态。均衡扰动算子 ζ 满足：

$$\zeta(s_i) = \begin{cases} s_i, & X_i \geqslant p_i \\ Z_i, & X_i < p_i \end{cases} \tag{5.9}$$

$$p_i \in \Theta \in (0,1) \in R, i \in I$$

算子 ζ 的含义为：对于主体 i 所取策略 s_i，若均匀随机数 rand$(0,1)$ 小于扰动概率 p_i，则从主体 i 的策略集 s_i 中随机取一策略替换当前策略；否则维持原策略不变。对所有主体重复这样的选择过程即得扰动后的局势 S'。

各功能元是以不同的概率 p_i 改变策略。根据功能元在博弈过程中的重要度为各功能元分配不同的概率，重要度高的功能元其扰动概率相对也较高，反之则低。如此操作，是因为重要度高的功能元主体对效用值的贡献相对较大，施以较高的扰动概率更容易使系统偏离原均衡状态，从而进一步演化博弈得到更优的纳什均衡解。

5．停止准则 τ

在某局势下，所有功能元主体顺序进行最优反应的动态过程称为一个回合。最优反应动态序列在两个回合内使局势达到纳什均衡状态，定义达到均衡的两个回合为演化博弈的一代，设停止条件为 $\tau > T$，T 为预设的演化最大代数。

5.3.2　演化博弈算法流程

演化博弈算法流程如下。

（1）确定参数。包括演化最大代数、初始化方法比例（有限约束法以及随机法的）及可违反约束数量、效用函数、扰动概率。

（2）算法初始化。更新博弈结构 $G = G_0, I = I_0$，按设定比例对功能元主体应用有限约束选择法和随机法进行策略初始化，产生质量较好的初始局势 S_0，系统从初始局势 S_0 开始演化博弈，$\tau = 0$。

（3）计算博弈过程。在当前局势下，根据博弈结构和功能元主体的结构组合，由效用函数计算出功能元的效用 U_0。

（4）施加寻优算子 α。施加寻优算子 α，判断更新的主体效用是否优于当前效用，若是则更新功能元主体的策略组合 S_j 为 S_{j+1}，否则维持 S_j 不变。

（5）策略稳定判断。若存在结构组合使得功能元的效用不随时间变动而变动，即 $u_i^{\tau+1}=u_i^{\tau}$，则该结构组合 S_i 是稳态的，其对应的解为纳什均衡解，$\tau=\tau(i)$。

（6）均衡扰动算子 ζ。施加 ζ，选择新策略的功能元主体为 $I_i^{\tau+1}=p_iI_i^{\tau}$，更新结构组合 $S_j\xrightarrow{\zeta}S_{j+1}$，计算新结构组合的效用 $F(G_{i+1},S_{i+1})\rightarrow U_{i+1}$，$\tau=\tau(i)$，并判断是否属于稳定演化策略。

（7）条件结束判断。如果满足结束条件 $\tau>T$，则结束计算；否则跳转至流程（6）。

演化博弈算法的流程如图 5.6 所示。需要特别说明的是，系统可能会出现异常状态，即博弈主体顺序最优反应后系统却没有达到纳什均衡状态。若在第一回合出现异常，说明初始局势选择不当使得系统不能达到纳什均衡状态，则算法更换初始局势重新开始；若在其他回合出现异常，说明施加均衡扰动算子后由于部分主体更改的策略使得系统无法达到纳什均衡，则可将系统状态还原至当前最优均衡解。

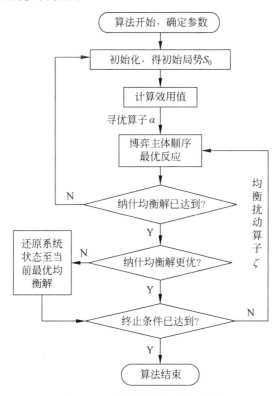

图 5.6　演化博弈算法的流程

从算法的描述和流程可知，该算法可以看作是一个纳什均衡解空间中的随机过程，算法不断地以更优的纳什均衡解更新当前最优解直至达到稳态均衡找到全局最优解，并且 EGA 是以概率 1 收敛于全局最优解，因此只要合理地设定 T，就能够得到全局最优解。全局最优解对应的局势为 Pareto 最优的纳什均衡解，因为全局最优解的效用大于其他可行解和不可行解的效用，且在全局最优解对应的策略组合下，所有主体的效用都已为最大，所以该均衡状态也是 Pareto 最优的。

从算法求解产品概念设计功构映射 CSP 模型过程来看，EGA 除了效用函数计算外，最主要的操作仅仅是比较不同策略组合之间的效用大小，而常用的遗传算法、蚂蚁算法、神经网络算法等进化算法涉及复杂的变异操作、路径计算和网络样本学习。相比之下，EGA 的求解速度和效率都有较明显的优势。

第6章

基于量词约束满足的产品设计参数优化

6.1 产品质量特性参数稳健优化控制问题描述

产品质量特性参数是指产品的质量性能指标或工作性能指标,产品优化设计过程输出的质量同时由多个质量特性参数来度量,记为 $Y = \{y_1, y_2, \cdots, y_m\}$。产品在设计、制造和使用过程中受到一些不确定因素的影响,包括加工装配过程中产生的一些随机误差和使用过程中磨损、腐蚀、热变形等诸多不可控因素,将其统称为噪声因素。噪声因素引起产品设计方案的设计参数 p 产生偏差 $\Delta p = \{\Delta p_1, \Delta p_2, \cdots, \Delta p_k\}$,进而导致质量特性值 y_i 发生改变,记实际输出质量特性参数值为 $Y' = \{y'_1, y'_2, \cdots, y'_m\}$。优化目标要求 $y_i \leqslant y_i^*$ 或 $y_i \geqslant y_i^*$,则产品质量特性参数稳健优化设计就是在设计参数存在 Δp 的偏差的情况下,仍能满足设计约束 $y'_i \leqslant y_i^*$ 或 $y'_i \geqslant y_i^*$,并保证 y'_i 的变差或称波动在可接受范围内,在此约束下取 y'_i 的极小值或极大值。因此,稳健优化设计得到的设计方案对噪声因素的作用具有较小的灵敏度,且产品的质量特性参数值均落在设计目标值附近甚至更优。

6.2 产品质量特性参数稳健优化的量词约束满足建模

经典约束满足问题模型能够解决传统机械产品设计的建模问题。产品设计是一个约束识别和满足的过程。客户需求决定产品的功能要求,从而对关键的设计变量形成约束,设计者的目的在于寻求合适的设计变量值,即设计方案的解。而对于稳健优化设计问题,需要尽早地在设计初始阶段考虑产品全生命周期内噪声因素引起的设计参数变差,要求产品质量特性参数值对设计参数变差不敏感。因此,稳健设计模型需要表达设计参数变差,另外还需明确设计参数变差普遍存在于整个设计阶段。产品设计 CSP 模型可将设计变量和设计约束归于统一框架下，然而对于噪声因素引起的设计参数变差和变差存在的普遍性的表达，CSP模型显得无能为力。

量词约束满足问题是约束满足问题的自然延伸和扩展，具有更强大、更直观的表达能力，其对变量的作用可以分为存在性量化和普遍性量化。存在性量化表示在约束作用下，变量在其值域内存在某一值满足所有约束。普遍性量化表示将变量量化为其值域内任一值，约束都能得到满足。以量词概念的观点来看，经典约束满足问题中的变量都是存在性量化，而QCSP（qualitative constrain satisfication problem，定性约束满足问题）还能表达变量存在的普遍性。因此，QCSP可以为考虑不确定性的问题提供建模框架。为此利用量词约束满足问题理论，不仅能表达产品质量特性参数稳健优化设计问题中的设计参数不确定性即设计参数变差，还能表达其在设计过程中的普遍性存在。

6.2.1　质量特性参数稳健优化中的变量

产品质量特性参数稳健优化 QCSP 模型的变量 V 包括设计变量 X 和噪声变量 ΔP。设计变量是设计中关键尺寸的变量，比如扩压器进口通道宽度属于设计变量。噪声变量则是与质量特性参数相关的因素的变差，即设计参数的变差，比如扩压器进出口气体扩散比受环境因素影响发生的变动量。从变量的数值类型来讲，设计变量是精确数，记为 $X = \{x_1, x_2, \cdots, x_n\}$；而噪声变量则为区间数，记为 $\Delta P = \{\Delta p_1^I, \Delta p_2^I, \cdots, \Delta p_k^I\}$，且 $\Delta p_j^I = \{\Delta p_j^l, \Delta p_j^u\}$，$j = 1, 2, \cdots, k$。

以量词概念表达变量集为 $QV = \exists X \cup \forall \Delta P$，其中 $\exists$、$\forall$ 分别是存在性量词和普遍性量词。产品质量特性参数稳健优化设计问题中的所有设计变量 $X = \{x_1, x_2, \cdots, x_n\}$ 为 QCSP 模型中的存在性变量，且变量间相互独立；噪声变量即设计参数变差 $\Delta P = \{\Delta p_1^I, \Delta p_2^I, \cdots, \Delta p_k^I\}$ 则为普遍性变量。

6.2.2　质量特性参数稳健优化中的变量值域

值域集合 D 由设计变量和噪声变量的取值范围构成，设计变量 x_i 是在 $[x_{i\min}, x_{i\max}]$ 范围内取精确值，而噪声变量 Δp_j^I 作为区间数本身就表达了取值范围。集合 D 包含了设计问题中所有变量的取值范围，也称其为设计问题的搜索空间。质量特性参数稳健优化设计在设计参数变差已知的条件下，通过约束满足求得设计变量的优化解，因此解空间 D_{solution} 包含设计变量取值。D_{solution} 由所有可行解 $S = \{s_1, s_2, \cdots, s_q\}$ 构成，其中 $s_i = \{x_{i1}, x_{i2}, \cdots, x_{in}\}$ 对所有设变量赋值,并满足约束集 C,因此可表达为 $D_{\text{solution}} = D \bigcap C$。对于约束 $c_i \in C$,$d_{\text{solution}i} \in D$ 表示满足约束 c_i 的所有可行解,由逻辑推理可知 $D_{\text{solution}} = \bigcap\limits_{i=1}^{k} d_{\text{solution}i}$。

6.2.3　质量特性参数稳健优化中的约束

QCSP 模型求解时,一个重要的指标就是约束的满足,当一个解 $s_i = \{x_{i1}, x_{i2}, \cdots, x_{im}\}$ 满足所有约束,或者说违反约束数量为 0,则 $s_i \in D_{\text{solution}}$。产品质量特性参数稳健优化设计的约束包括质量特性参数目标约束和设计约束。其数学形式表达如下:

$$C: \quad c_\tau = \begin{cases} y_i(X, P) - y_i^* \leqslant 0, & i = 1, 2, \cdots, \alpha \\ g_j(X, P) \leqslant 0, & j = 1, 2, \cdots, \beta \\ h_k(X, P) = 0, & k = 1, 2, \cdots, \gamma \end{cases} \quad (6.1)$$

由于极大、极小问题可互相转化,因此式中不等式约束统一表达为极小化形式。

式(6.1)中,$y_i(X, P) - y_i^* \leqslant 0$ 表示质量特性参数目标约束,为质量特性参数目标函数,y_i^* 为质量特性参数目标值。由于噪声变量 ΔP 的存在,设计参数变为区间变量,根据区间函数扩张定义,目标函数 $y_i(X, P)$ 变为相应的区间函数 $Y_i(X, P^I)$。对应每个解 s_j,有 $Y_{ij} = [Y_{ij}^l, Y_{ij}^u]$,则:

(1) $s_j \in D_{\text{solution}}$ 的条件为 $Y_{ij}^u - y_i^* \leqslant 0$。

(2) 稳健设计要求质量特性参数波动在可接受范围内,即 Y_{ij} 的区间宽度 $Y_{ij}^w = Y_{ij}^u - Y_{ij}^l \leqslant w_i$,$w_i$ 为预先设定的 Y_i 的最大波动。

在满足以上两个条件的 Y_{ij} 中寻优,即寻找最小值。由于 Y_i 为区间数,因此涉及区间数的大小比较。

设计约束包含大量设计信息,主要涉及质量特性参数功能要求、结构满足等。式(6.1)中,$g_j(X, P) \leqslant 0$ 和 $h_k(X, P) = 0$ 分别是不等式设计约束和等式设计约束。当设计参数为区间数时,原约束函数将变为相应的区间函数 $G_j(X, P)$ 和 $H_k(X, P)$。

(1) 对于原不等式约束 $g_j(X, P) \leqslant 0$,现有 $G_j(X, P) = [G_j^l, G_j^u]$,简写作 $G_j = [G_j^l, G_j^u]$。当一个区间蜕变为 0 时,可得区间 G_j 小于 0 的可能度,如式(6.2)所示:

$$P(G_j \leqslant 0) = \begin{cases} 0, & G_j^l \geqslant 0 \\ -G_j^l / (G_j^u - G_j^l), & G_j^l \leqslant 0 \leqslant G_j^u \\ 1, & G_j^u \leqslant 0 \end{cases} \quad (6.2)$$

$P(G_j \leqslant 0) = [0,1]$ 即为设计约束的稳健性指标。质量特性参数目标函数的最优是本书中最关心的，因此某些设计约束条件可以有一定程度的不满足。要求不等式约束的稳健性不小于 ξ_j，则不等式设计约束可转化为：$P(G_j \leqslant 0) \geqslant \xi_j, G_j = [G_j^l, G_j^u], j = 1, 2, \cdots, \beta$。

（2）对于原等式约束 $h_k(X, P) = 0$，现有 $H_k(X, P) = [H_k^l, H_k^u]$，简写作 $H_k = [H_k^l, H_k^u]$。给定等式约束波动范围 $h_k^* = [h_k^l, h_k^u]$，则 H_k 位于区间 h_k^* 内的可能度如式（6.3）所示：

$$P(h_k^l \leqslant H_k \leqslant h_k^u) = \begin{cases} 0, & H_k^l \geqslant h_k^u \text{ 或者 } H_k^u \leqslant h_k^l \\ (h_k^u - H_k^l)/(H_k^u - H_k^l), & h_k^l \leqslant H_k^l \leqslant h_k^u \text{ 并且 } H_k^u \geqslant h_k^u \\ (H_k^u - h_k^l)/(H_k^u - H_k^l), & h_k^l \leqslant H_k^u \leqslant h_k^u \text{ 并且 } H_k^l \leqslant h_k^l \\ 1, & H_k^l \geqslant h_k^l \text{ 并且 } H_k^u \leqslant h_k^u \end{cases}$$

$$(6.3)$$

要求约束稳健性不小于 ζ_k，则等式设计约束可转化为：$P(h_k^l \leqslant H_k \leqslant h_k^u) \geqslant \zeta_k, H_k = [H_k^l, H_k^u] (k = 1, 2, \cdots, \gamma)$。

6.2.4　质量特性参数稳健优化的量词概念表达

一个解 s_i 是各变量 x_i 在其相应值域 d_i 内的一个实例化。根据解 s_i 的性质有以下三种情况：若每一个变量 $x_i \in X$ 在 s_i 中都相应地得到实例化，则 s_i 是完备解；若 s_i 满足所有约束，则 s_i 是可行解；若 s_i 不仅完备且可行，则 s_i 是有效解。

对产品质量特性参数稳健优化 QCSP 模型而言，设计方案解 s_i 不仅要有效且需保证在存在设计参数变差 ΔP 的情况下，目标约束和设计约束得到满足，则 s_i 称为稳健解，记作 s_{robust}。

应用量词概念表达稳健优化 QCSP 模型如下：

$$\{QV, D, C\} \qquad (6.4)$$

其中 $QV = \exists X \cup \forall \Delta P, QV$ 为变量集，$Q \in \{\exists, \forall\}$，$\exists$、$\forall$ 分别表示存在性量词和普遍性量词。X 为设计变量集；ΔP 为由噪声因素引起的设计参数变差的集合。

若 QCSP 模型存在有效的稳健解，则可表示如下：

$$\{(\exists s_{\text{robust}}, \forall \Delta P), (D(X), D(\Delta P)), C\}, i = 1, 2, \cdots, m \qquad (6.5)$$

6.2.5　质量特性参数稳健优化解的存在性表达

当不考虑设计参数变差 ΔP 时，建立的产品质量特性参数稳健优化 QCSP

模型就退化为产品优化设计 CSP 模型,有效解 s_{valid} 的存在条件为:在解搜索空间 S 中,对于每一个设计变量 $x_i \in X$,在其值域 $D(x_i)$ 中至少存在一个数值使得设计参数组合满足所有约束条件 C。则有效解的存在性可表示为

$$\exists\, s_i \in S : s_i \in D_{\text{solution}} \tag{6.6}$$

考虑设计参数变差 ΔP,产品质量特性参数稳健优化 QCSP 模型存在稳健解 s_{robust} 的条件为:在解搜索空间 S,对于在变差 $\Delta p_i \in D(\Delta p_i)$ 范围内波动的各设计参数 p_i 的所有值,设计变量组合满足所有约束条件 C。则稳健解的存在性可表示为

$$\exists\, s_i \in S : \forall\, \Delta P \in D(\Delta P), (s_i, \Delta P) \in D_{\text{solution}} \tag{6.7}$$

设有效解集为 s_{valid},由于 $s_{\text{robust}} \subseteq s_{\text{valid}}$,则稳健解的存在性还可表达为

$$\exists\, s_i \in s_{\text{valid}} : \forall\, \Delta P \in D(\Delta P), (s_i, \Delta P) \in D_{\text{solution}} \tag{6.8}$$

当一个解 s_i 同时满足式(6.6)和式(6.7)或者满足式(6.8)时,则 s_i 为稳健解。

6.3　产品质量特性参数区间分析——蛙跳算法稳健优化

约束满足问题的传统求解方法分为两类:一类是完备法,能够完全确定某约束满足问题是否有解,如回溯法;一类是不完备法,在未能找到解时不能确定该约束满足问题无解,如模拟退火算法。完备法能够得到问题的所有解,但求解效率低;不完备法在解空间搜索领域较小时性能表现优异,但搜索领域较大时效率低下。本书对建立的产品质量特性参数稳健优化 QCSP 模型采用组合式算法进行求解。首先利用区间分析法,尽可能剔除掉不可行区域,得到满足常规约束的有效解搜索空间;然后考虑设计参数变差,在有效解搜索空间中利用智能算法搜索稳健解。

组合式算法

6.3.1　区间分析算法缩小参数搜索空间

区间分析本质上是分支定界法,对各变量的取值区间不断进行检验、折半分割,直到最后每个变量的区间宽度小于一定的值。

QCSP 模型中设计变量 x_i 的取值区间为 $D(x_i) = I_i = [\underline{x_i}, \overline{x_i}]$,初始区间为 $[x_{i\min}, x_{i\max}]$。整个设计变量集 X 的取值空间是 n 个区间变量的笛卡儿乘积,可表示为 $B = \langle I_1, I_2, \cdots, I_n \rangle$,称之为值域盒,且有 $B \subseteq D$。区间变量 I_i 折半分割为 I_{i1} 和 I_{i2},且 $I_{i1} = \left[\underline{x_i}, \dfrac{1}{2}(\underline{x_i} + \overline{x_i}) \right)$,$I_{i2} = \left[\dfrac{1}{2}(\underline{x_i} + \overline{x_i}), \overline{x_i} \right]$。分割

后的值域盒记为

$$subB \subseteq B, subB = \{\langle I_{1s}, I_{2s}, \cdots, I_{ns} \rangle | I_{is} \subseteq I_i, i = 1, 2, \cdots, n; s = 1, 2\}$$

仅考虑存在性量词即设计变量时，对每个值域盒进行约束检验：① 对于约束 $c_i(X, P) \leqslant 0$，由于区间扩展，计算可得 $c_i(X, P) = [\underline{c_i}, \overline{c_i}]$。若 $\underline{c_i} \leqslant 0$，$\overline{c_i} \leqslant 0$，则该值域盒内可能存在有效解；若 $\overline{c_i} \leqslant 0$，则值域盒内的任意变量组合均为有效解；若 $\underline{c_i} \geqslant 0$，则不存在任何解。② 对于约束 $c_j(X, P) = 0$，若 $0 \in [\underline{c_i}, \overline{c_i}]$，则约束具有一致性，可能存在有效解；若 $0 \notin [\underline{c_i}, \overline{c_i}]$，则不存在任何解。

根据约束检验结果，剔除掉不存在任何解的值域盒。区间分析算法的终止条件为各变量的区间宽度 $(\overline{x_i} - \underline{x_i}) \leqslant \delta_i$，其中 δ_i 为设定的宽度阈值。区间分析算法流程如下。

步骤 1：分割值域盒 $B = \langle I_1, I_2, \cdots, I_n \rangle$，得 $subB = \{\langle I_{1s}, I_{2s}, \cdots, I_{ns} \rangle | s = 1, 2\}$。

步骤 2：对各值域盒进行约束检验。

步骤 3：剔除掉不存在任何解的值域盒。

步骤 4：对于剩余值域盒，$(\overline{x_i} - \underline{x_i}) \leqslant \delta_i, i = 1, 2, \cdots, n$ 成立，转步骤 5；否则转步骤 1。

步骤 5：算法结束，输出有效值域盒 $B_1, B_2, \cdots, B_v$。

6.3.2 质量特性参数混合蛙跳算法稳健优化

区间分析剔除了尽量多的不可行域，缩小了设计变量的搜索空间，获得的有效值域盒即为稳健解的搜索空间。本小节实质上是求解一个多目标优化问题，在存在设计参数变差的情况下，通过智能优化算法获得满足约束且靠近 Pareto 前沿的设计稳健解。混合蛙跳算法（shuffled frog leaping algorithm，SFLA）由 Eusuff 于 2000 年提出，是一种基于群体智能的后启发协同式搜索方法。SFLA 算法定义清晰、运算效率高且全局寻优能力强，因此在很多科技领域得到应用。原始混合蛙跳算法是针对单目标优化的，为求解多目标优化的稳健设计问题，本书对群体排序方法做了相应调整，为维护非劣解集引入基于自适应小生境的精英集策略。

SFLA 算法初始种群由 $\Im$ 只青蛙 X_i 构成，为提高初始解质量，采用精华禁忌搜索法构建初始种群，群内的青蛙个体均为有效解，并保证至少有一只青蛙个体是稳健解。第 i 只青

小生境

蛙表示一个 n 维有效解 $\boldsymbol{X}_i = (x_i^1, x_i^2, \cdots, x_i^n)$，$n$ 为设计变量的数量。对蛙群内的青蛙进行排序得 $R = \text{sort}(\boldsymbol{X}_i) = (R_1, R_2, \cdots, R_{\Im})$，然后开始对序列中的青蛙进行分组。把蛙群分成 a 个子族群，每个子族群分配到 b 只青蛙，且满足关系 $\Im = a \times b$。对 $\Im$ 只青蛙进行族群划分的具体方法为：将第 1 只青蛙分入第 1 个子族群，第 a 只青蛙分入第 a 个子族群；然后，第 $a+1$ 只青蛙继续划入第 1 个子族群，第 $a+2$ 只青蛙分入第 2 个子族群，以此类推，直到 $\Im$ 只青蛙全部被分入相应子族群。

全局最好个体表示为 $\boldsymbol{X}_{\text{gb}} = (x_{\text{gb}}^1, x_{\text{gb}}^2, \cdots, x_{\text{gb}}^n)$。有初始种群的质量保证，$\boldsymbol{X}_{\text{gb}}$ 必为稳健解，取稳健解中适应值排序最优的青蛙个体为全局最好个体。子族群内的最好个体表示为 $\boldsymbol{X}_{\text{cb}} = (x_{\text{cb}}^1, x_{\text{cb}}^2, \cdots, x_{\text{cb}}^n)$，子族群内的最差个体表示为 $\boldsymbol{X}_{\text{cw}} = (x_{\text{cw}}^1, x_{\text{cw}}^2, \cdots, x_{\text{cw}}^n)$。对于任何子族群 c 来说，群内的青蛙并不全是稳健解甚至可能没有稳健解。若存在稳健解，则取稳健解中适应值排序最优的青蛙为群内最好个体，取稳健解或非稳健解中适应值排序最差的青蛙为最差个体；若不存在稳健解，则取 $\boldsymbol{X}_{\text{cb}} = \boldsymbol{X}_{\text{gb}}$，取最差个体为非稳健解中适应值排序最差的青蛙。然后进行群内进化，对每个子族群执行搜索，每次迭代针对 $\boldsymbol{X}_{\text{cw}}$ 进行更新操作，更新策略为

$$d_c^j = \text{rand}(0, 1) \times (x_{\text{cb}}^j - x_{\text{cw}}^j), \quad -d_{\max}^j \leqslant d_c^j \leqslant d_{\max}^j \tag{6.9}$$

$$^*x_{\text{cw}}^j = d_c^j + x_{\text{cw}}^j, \quad 1 \leqslant j \leqslant n \tag{6.10}$$

式中：$^*x_{\text{cw}}^j$——族群 c 中最差青蛙个体更新后的第 j 维分量；

$\quad\quad d_c^j$——j 维分量上的蛙跳步长；

$\quad\quad d_{\max}^j$——j 维分量上的最大蛙跳步长；

式（6.9）中，$\text{rand}(0, 1)$ 在 0 和 1 之间随机取值。判断 $^*\boldsymbol{X}_{\text{cw}}$ 是否处于有效值域盒范围内，若是，并且满足 QCSP 模型的约束条件，则计算 $^*\boldsymbol{X}_{\text{cw}}$ 的适应值；若否，则重新调整步长直至满足要求。如果 $^*\boldsymbol{X}_{\text{cw}}$ 的适应值在个体排序中劣于 $\boldsymbol{X}_{\text{cw}}$ 的适应值，就用 $\boldsymbol{X}_{\text{gb}}$ 代替 $\boldsymbol{X}_{\text{cw}}$，按式（6.9）与式（6.10）执行局部搜索过程；如果仍未见其改善，便随机产生一只新的青蛙对 $\boldsymbol{X}_{\text{cw}}$ 进行替换。重复上述局部搜索 $L_{\max}$ 次，当完成局部搜索后，对所有子族群内的青蛙重新混合并排序和划分子族群，再进行局部搜索，如此反复，直到达到混合迭代次数 $G_{\max}$。

在族群进化划分和周期性的族群混合重划分之前，首先需要根据适应值对族群内的个体进行排序。在单目标优化问题中，可以将目标函数值作为适应值；而对于多目标问题，由于存在支配关系，各目标相互影响、相互制约，个体适应值无法简单地根据目标函数值确定。为此，本书采用一种基于欧氏距离的非支配排序方法。

将种群中的有效解区分为稳健解和非稳健解，然后对该两类解按下述方法分别进行排序。首先确定解集中的非支配个体，根据它们之间的拥挤密度进行排序。对于集合内剩余的支配个体，计算其与距离最近的非支配个体的欧氏距离，并按降序排序在非劣个体后。采用 Harmonic 平均距离对非支配个体的拥挤密度进行估计。对于集合内第 i 个非支配个体，其与非支配个体 j 的

欧氏距离为 $d_{ij} = \| \boldsymbol{Y}_i - \boldsymbol{Y}_j \| = \sqrt{\sum_{\nu=1}^{m}(y_i^{\nu} - y_j^{\nu})^2}$，$y_i^{\nu}$ 表示个体 i 的第 ν 个质量特性参数目标值。因此目标空间中非支配个体 i 与其他 k 个非支配个体的欧氏距离分别为 $d_{i1}, d_{i2}, \cdots, d_{ik}$，则个体 i 的 Harmonic 平均距离 hd_i 为

$$\mathrm{hd}_i = \frac{k}{\dfrac{1}{d_{i1}} + \dfrac{1}{d_{i2}} + \cdots + \dfrac{1}{d_{ik}}} \tag{6.11}$$

排序后的个体序列为 $X = \{x[i], i = 1, 2, \cdots, p\}$，其中 $x[1]$ 和 $x[p]$ 分别为具有最好适应值和最差适应值的个体。将非稳健解集的排序序列置于稳健解集的排序序列后得到群体的排序序列，然后按照族群划分方法将个体依次放入 a 个子族群。

本书采用外部精英集来保存族群中搜索到的非劣解，并通过小生境技术对精英集进行维护。将每一代族群进化后得到的非劣稳健解加入精英集中，并剔除其中的劣解；若精英集中的个体数超过规定容量，则利用小生境技术计算适应度，淘汰多余的适应度较小的个体。小生境的适应度计算公式如下：

$$F(i) = \frac{1}{\sum_{j=1}^{m} \mathrm{sh}(d_{ij})}, \mathrm{sh}(d_{ij}) = \begin{cases} 1 - (d_{ij}/\omega_{\mathrm{share}})^{\alpha}, & d_{ij} < \omega_{\mathrm{share}} \\ 0, & d_{ij} \geqslant \omega_{\mathrm{share}} \end{cases} \tag{6.12}$$

式中：m——精英集内非劣稳健解的个数；

　　α——常数；

　　ω_{share}——小生境半径；

　　$\mathrm{sh}(d_{ij})$——个体 i 和 j 的共享函数；

　　d_{ij}——个体 i 和 j 之间目标向量的欧氏距离，$d_{ij} = \| \boldsymbol{Y}_i - \boldsymbol{Y}_j \|$。

小生境半径 ω_{share} 直接决定精英集个体的分布性，ω_{share} 选择过大或过小都会导致个体分布不均，本书采用基于 Harmonic 平均距离的小生境半径 ω_{share} 计算方法。计算公式如下：

$$\omega_{\mathrm{share}} = \begin{cases} C, & z = 1 \\ \sum_{i=1}^{z} \dfrac{\mathrm{hd}_i}{z}, & z \geqslant 2 \end{cases} \tag{6.13}$$

式中：C——一正常数，一般设置为1；

$\quad\quad z$——当前精英集内的个体数；

$\quad\quad \mathrm{hd}_i$——个体 i 的 Harmonic 平均距离，由式（6.11）计算。

ω_{share} 随着算法的迭代过程自动进行调整，保证了精英集内个体的良好分布性。

综上所述，混合蛙跳算法流程如图6.1所示。

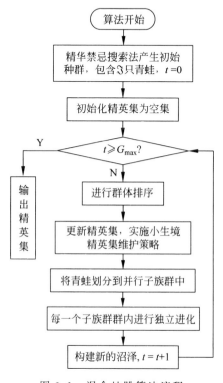

图 6.1　混合蛙跳算法流程

在 v 个有效值域盒内由混合蛙跳算法求解得到 v 个精英集，将其混合重新确定支配关系获得 Pareto 解集，记为：$\chi = \{\chi_1, \cdots, \chi_i, \cdots, \chi_{M_O}\}$，其中 M_O 为精英集中非劣解的个数。鉴于人工 Pareto 优选法具有多种不确定主观因素，采用基于信息熵理论的 Pareto 优选法进行辅助选择。Pareto 解 χ_i 的熵权可定义如下：

$$\beta(\chi_i) = -\frac{1}{\ln m} \sum_{j=1}^{m} \left[\frac{y_{i,j}^*}{\sum_{j=1}^{m} y_{i,j}^*} \ln \frac{y_{i,j}^*}{\sum_{j=1}^{m} y_{i,j}^*} \right] \quad\quad (6.14)$$

式中：m——优化目标的个数；

$y_{i,j}$——χ_i 在第 j 个优化目标上的取值，$y_{i,j}$ 是区间值 $[\underline{y}_{i,j}, \overline{y}_{i,j}]$ 的中值，即 $y_{i,j} = \dfrac{1}{2}(\underline{y}_{i,j} + \overline{y}_{i,j})$；

$y_{i,j}^*$——对 $y_{i,j}$ 进行规范化处理（按照目标的望大性、望小性）后得到标准化取值。

根据信息熵原理可知，$\beta(\chi_i)$ 值越大，表示该解在各目标上的分布差异性越小，综合性能越优。

第7章

基于仿生学的产品装配结构基因进化设计

7.1 产品装配结构的仿生表达

根据生物学知识可知,除病毒外的所有生物都由细胞构成,细胞是生命活动的基本单位;而蛋白质是构成组织和细胞的重要成分,是生命的物质基础;基因是生物的遗传因子,控制蛋白质的合成。它们的关系如图 7.1 所示。

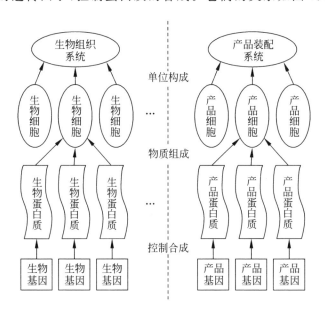

图 7.1 产品装配系统与生物组织系统的相似性

产品是由各个零件通过一定的约束关系装配而成的功能系统。产品中零件结构的设计除了要考虑其在产品中的功能外,还要考虑其与产品中其他零件之间的约束关系。自顶向下的产品设计要求设计者不需花太多精力在产品零件的详细设计上,而要能灵活地掌控产品的顶层抽象信息,宏观把握产品的设计方向和思路。从这个目的出发，借鉴生物学的知识，将产品装配系统中各个零件及其之间的约束关系进行表达。产品功能基因控制产品功能蛋白质的合成，产品约束基因控制产品约束蛋白质的合成，若干产品功能蛋白质和产品约束蛋白质在空间上的有序组合形成产品细胞，产品细胞在空间的有序组合构成产品装配系统。产品装配系统及其与生物组织系统之间的相似性如图 7.1 所示。

7.1.1　产品装配结构基因的定义

产品功能基因和约束基因分别是零件功能和零件之间装配关系的抽象描述体，是驱动零件设计和装配的内在设计意图单元。

产品基因由功能基因（Ge_f）和约束基因（Ge_c）组成，可表示为

$$Ge = Ge_f \bigcup Ge_c \tag{7.1}$$

产品功能基因可表示为

$$Ge_f = (Ty, De) \tag{7.2}$$

式中：Ty——功能类型，如齿轮、轴、轴承、联轴器和机架等，可用于命名功能基因；

　　　De——功能描述体，用于描述零件在产品中的基本功能，如传动、支撑、连接、输入和输出等。

如齿轮功能基因可表示为｛齿轮，传动｝。

产品约束基因可表示为

$$Ge_c = (Ty, At) = (Ty, [Am \quad Va]) \tag{7.3}$$

式中：Ty——约束类型，如铰制孔用螺栓连接、普通型半圆键连接和内啮合变位斜齿圆柱齿轮传动等，可用于命名约束基因，约束类型主要可归纳为连接、传动和配合三大类，各大类又可继续分出子类；

　　　At——约束属性，定义了零件之间具体的约束关系，包括属性量集（Am）和属性值集（Va），属性量集表示零件之间约束关系的量的集合，是约束类型的数学描述，属性值集中的值与属性量集中的量一一对应。

约束类型必须能被属性量集唯一描述，而同一个属性量集可描述多个约束类型，即约束类型与属性量集是多对一的映射关系。

如普通螺纹螺钉连接基因、外啮合标准直齿圆柱齿轮传动基因和轴肩与

轴上零件配合基因可分别表示为：$\left(\text{普通螺纹螺钉连接}, \begin{bmatrix} d & 20 \\ P & 1.25 \end{bmatrix}\right)$（$d$ 为螺

纹公称直径，P 为螺距）、$\left(\text{外啮合标准直齿圆柱齿轮传动，} \begin{bmatrix} m & 2 \\ z_1 & 42 \\ z_2 & 131 \end{bmatrix}\right)$（$m$ 为模数，z_1 和 z_2 分别为主动轮和从动轮的齿数）和 $\left(\text{轴肩与轴上零件配合，} \begin{bmatrix} d & 100 \\ r & 2 \end{bmatrix}\right)$（$d$ 为轴颈直径，r 为轴肩工作面与轴颈之间的圆角半径）。

具有相同约束类型和约束属性量集的约束基因称为同种约束基因，将约束基因中由基因类型和基因属性量集组成的部分称为约束种基因（Ge_s），表示为 $Ge_s = (Ty, Am)$，则 $Ge_c = (Ge_s, Va)$。在约束基因的定义过程中，设计者首先设计出约束种基因，然后对约束种基因中的属性量集进行赋值形成属性值集，从而定义了约束基因。由约束种基因设计约束基因的过程称为约束种基因的表达，设计约束种基因并将其表达为约束基因的过程称为约束基因的定义。由此可见，约束种基因的设计是约束基因定义的关键，可根据约束类型从粗到精、从大类到子类进行设计。

7.1.2　产品装配结构蛋白质的合成

产品基因通过控制产品蛋白质的合成对隐含在产品装配系统中的抽象设计信息进行表达。产品蛋白质包括功能蛋白质（Pr_f）和约束蛋白质（Pr_c），分别由产品功能基因和约束基因控制合成。

产品蛋白质可表示为

$$Pr = Pr_f \bigcup Pr_c \tag{7.4}$$

产品功能蛋白质可表示为

$$Pr_f = (Ge_f, Ce) \tag{7.5}$$

式中：Ge_f——控制合成 Pr_f 的功能基因，可用 Ge_f 的功能类型命名 Pr_f；

Ce——由 Pr_f 组成的产品细胞。

产品约束蛋白质可表示为

$$Pr_c = (Ce_1 - Ce_2, Ge_c, At) = (Ce_1 - Ce_2, Ge_c, [Am \quad Va]) \tag{7.6}$$

式中：Ge_c——控制合成 Pr_c 的约束基因；

Ce_1——由 Pr_c 组成的产品细胞；

Ce_2——与 Ce_1 通过 Ge_c 直接联系的产品细胞；

At——蛋白质约束属性；

Am 和 Va——At 的属性量集和属性值集，其定义和产品约束基因的约束属性相同。

可用 $Ce_1 - Ce_2$ 来命名 Pr_c，如图 7.2 中，组成细胞 2 的约束蛋白质可命名为细胞 2-细胞 1 蛋白质。

如上面提到的普通螺纹螺钉连接基因，由基因约束属性知 $d=20$，$P=1.25$，则如图 7.2 所示，可推出螺纹孔深度为

$$H_1 = H(2 \sim 2.5)P \approx d(2 \sim 2.5)P = 20 \times (2 \sim 2.5) \times 1.25$$
$$= 50 \sim 62.5$$

钻孔深度为

$$H_2 = H_1 + (0.5 \sim 1)d = (50 \sim 62.5) + (0.5 \sim 1) \times 20 = 60 \sim 82.5$$

螺栓轴线到被连接件边缘的距离为

$$e = d + (3 \sim 6) = 20 + (3 \sim 6) = 23 \sim 26$$

则图 7.2 中，组成细胞 2 的细胞 2-细胞 1 蛋白质可表示为

$$\left(\text{细胞 2- 细胞 1,普通螺纹螺钉连接,} \begin{bmatrix} H_1 & 50 \sim 62.5 \\ H_2 & 60 \sim 82.5 \\ e & 23 \sim 26 \end{bmatrix} \right)$$

由此可见，蛋白质的约束属性是由控制合成它的约束基因的约束属性推导得到的，因此，约束蛋白质将约束基因内含的设计信息表达为组成产品细胞的具体尺寸信息。

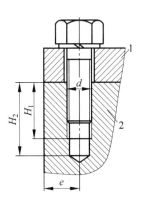

图 7.2 产品约束基因控制产品约束蛋白质的合成

产品约束蛋白质通常成对存在，由同一个产品约束基因控制合成，分别位于两个具有直接约束关系的产品细胞中。在图 7.2 中，细胞 1 中的细胞 1-细胞 2 蛋白质和细胞 2 中的细胞 2-细胞 1 蛋白质是同一个基因合成的一对蛋白质。

由产品基因合成产品蛋白质的过程称为产品基因的表达。

7.1.3　产品装配结构细胞的组成

产品细胞是产品装配系统实现功能的基本单位,由若干产品功能蛋白质(至少一个)和产品约束蛋白质(至少一个)有序组合而成,是不成对的产品约束蛋白质之间联系的桥梁。

产品细胞可表示为

$$\mathrm{Ce} = (\mathrm{Pr}_{f1} - \mathrm{Pr}_{f2} - \cdots - \mathrm{Pr}_{fn}, \mathrm{Pr}_{cS})$$

$$= \left[\mathrm{Pr}_{f1} - \mathrm{Pr}_{f2} - \cdots - \mathrm{Pr}_{fn}, \begin{bmatrix} \mathrm{Pr}_{c1} \\ \mathrm{Pr}_{c2} \\ \vdots \\ \mathrm{Pr}_{cn} \end{bmatrix} \right] \qquad (7.7)$$

式中：$\mathrm{Pr}_{f1}, \mathrm{Pr}_{f2}, \cdots$——组成 Ce 的功能蛋白质,描述了产品细胞存在的基本结构,可用 $\mathrm{Pr}_{f1} - \mathrm{Pr}_{f2} - \cdots$ 的形式来命名 Ce,如齿轮、轴、齿轮-轴等；

　　　　Pr_{cS}——约束蛋白质矩阵,包含了组成产品细胞的所有约束蛋白质及其组合顺序。

由产品约束基因直接联系的产品细胞可通过成对的产品约束蛋白质进行能量传递。如图 7.3 所示,细胞 2 由约束蛋白质Ⅰ、约束蛋白质Ⅱ、约束蛋白质Ⅲ和齿轮蛋白质有序组合而成,这些蛋白质决定了细胞 2 的形状和尺寸。当细胞 1 工作时,能量由细胞 1 通过约束蛋白质Ⅰ传递到细胞 2,再由细胞 2 通过约束蛋白质Ⅱ传递到细胞 3,使细胞 3 工作,达到能量传递的目的。

一个约束基因通常控制一对约束蛋白质的合成,有些复杂的约束蛋白质也可由若干个约束基因共同控制合成。而两个产品细胞最多可通过一对约束蛋白质直接联系。如图 7.3 中,蛋白质Ⅲ由轴肩与轴上零件配合基因和 A 型普通平键连接基因共同控制合成。

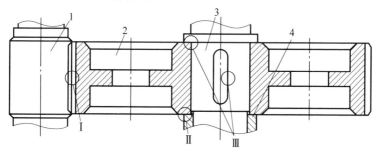

图 7.3　产品蛋白质组成产品细胞

1—齿轮轴细胞；2—齿轮细胞；3—轴细胞；4—轴套细胞

Ⅰ. 齿轮-齿轮轴蛋白质；Ⅱ. 齿轮-轴套蛋白质；Ⅲ. 齿轮-轴蛋白质

7.1.4　产品装配结构的染色体模型

根据分子遗传学，基因存在于染色体上，并且在染色体上呈线性排列，染色体是基因的载体，基因通过在染色体上的有序组合实现了生物体功能的表达和种群的遗传和变异。同样，在产品装配系统中，将产品基因及其之间的有序组合的表达模型定义为产品染色体模型（GM）。

产品染色体模型是设计者根据功能需求和约束关系对产品装配信息的整体布局，通过染色体模型表达了产品装配系统中产品基因之间的联系和能量传递关系。

为表达方便，将控制每个产品细胞中所有功能蛋白质合成的功能基因的集合称为功能基因团（Se），可表示为

$$Se = (Ge_{f1} - Ge_{f2} - \cdots - Ge_{fn}) \tag{7.8}$$

可用组成功能基因团的基因类型 $Ty_1 - Ty_2 - \cdots - Ty_n$ 来命名 Se。则图 7.3 所示齿轮传动装置的染色体模型可用图 7.4 的形式表示，其中，大圆圈表示功能基因团，大圆圈中的数字表示该功能基因团在产品装配系统中的序号；小圆圈表示约束基因，小圆圈中的数字表示该约束基因在产品装配系统中的序号；连接大小圆圈的直线表示它们控制同一个产品细胞；箭头表示能量的传递方向；小圆圈分别连接两条带箭头直线的终端和始端，表示能量从这两条带箭头直线所连接的约束基因之间传递。图 7.4 中的数字所对应的功能基因团和约束基因分别如表 7.1 和表 7.2 所示。

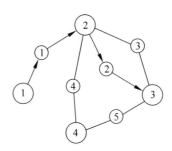

图 7.4　产品染色体模型

表 7.1　功能基因团序号与名称对应表

功能基因团	序　　　号			
	1	2	3	4
名称	齿轮-轴	齿轮	轴	轴套

表 7.2　约束基因序号与名称对应表

约束基因		名　称
序号	1	标准直齿圆柱齿轮传动
	2	A 型普通平键连接
	3	轴肩与轴上零件配合
	4	轴套与轴上零件配合
	5	轴套与轴配合

产品染色体模型可用矩阵表示为

$$GM = \begin{matrix} & \begin{matrix} Ge_{c1} & Ge_{c2} & \cdots & Ge_{cn} \end{matrix} \\ \begin{matrix} Ge_{c1} \\ Ge_{c2} \\ \vdots \\ Ge_{cn} \end{matrix} & \begin{bmatrix} gm_{11} & gm_{12} & \cdots & gm_{1n} \\ gm_{21} & gm_{22} & \cdots & gm_{2n} \\ \vdots & \vdots & \ddots & \vdots \\ gm_{n1} & gm_{n2} & \cdots & gm_{nn} \end{bmatrix} \end{matrix} \qquad (7.9)$$

其中

$$gm_{ij} = \begin{cases} 0, & a \\ +\,Se_{ij}, & b \\ -\,Se_{ij}, & c \\ Se_{ij}, & d \cup e \end{cases}, \quad i,j = 1,2,\cdots,n$$

式中：n——产品装配系统的约束基因数；

　　　a——Ge_{ci} 和 Ge_{cj} 之间没有通过 Se_{ij} 直接联系；

　　　b——Ge_{ci} 和 Ge_{cj} 之间通过 Se_{ij} 直接联系，且能量由 Ge_{ci} 传递给 Ge_{cj}（表

　　　　　示为 $\xrightarrow{Ge_{ci}} Se_{ij} \xrightarrow{Ge_{cj}}$）；

　　　c——Ge_{ci} 和 Ge_{cj} 之间通过 Se_{ij} 直接联系，且能量由 Ge_{cj} 传递给 Ge_{ci}（表

　　　　　示为 $\xrightarrow{Ge_{cj}} Se_{ij} \xrightarrow{Ge_{ci}}$）；

　　　d——Ge_{ci} 和 Ge_{cj} 之间通过 Se_{ij} 直接联系，且没有能量传递关系；

　　　e——当 $i=j$ 时，与 Ge_{ci} 联系的 Se_{ij} 没与其他约束基因联系。

图 7.4 所示产品染色体模型可表示为

$$GM = \begin{matrix} & \begin{matrix} 1 & 2 & 3 & 4 & 5 \end{matrix} \\ \begin{matrix} 1 \\ 2 \\ 3 \\ 4 \\ 5 \end{matrix} & \begin{bmatrix} 1 & +2 & 2 & 2 & 0 \\ -2 & 0 & 2,3 & 2 & 3 \\ 2 & 2,3 & 0 & 2 & 3 \\ 2 & 2 & 2 & 0 & 4 \\ 0 & 3 & 3 & 4 & 0 \end{bmatrix} \end{matrix}$$

设计者根据产品染色体模型能宏观把握产品的设计思路和方向，通过修改染色体模型来调整产品的整体布局。

7.2 遗传学特征模型下的机构基因变异

7.2.1 机构的遗传学特征模型

生物基因是由碱基对通过化学键连接而成的具有遗传效应的 DNA 片段。由于 DNA 分子中发生碱基对的增添、缺失或改变，而引起的基因结构的改变叫作基因突变。基因突变必须遵循一定的自然法则，如碱基互补配对原则等。按照基因结构改变的类型，基因突变可分为碱基置换、移码突变、缺失突变和插入突变四种。突变基因与原基因既有相似之处又有不同，两者都位于染色体的同一位置上，控制生物体的同一性状，因此称为同位基因（allele）。如豌豆的花色可由红色（由原基因决定）突变为白色（由突变基因决定），这两种基因称为花色决定性基因。

碱基互补
配对原则

机构的组成与生物基因有一定的相似性。机构（类似基因）是由两个以上的构件（类似碱基对）以机架为基础，由运动副（类似碱基对）以一定方式（类似化学键连接）联结形成的具有确定相对运动（类似于基因能控制生物体某个特定的性状）的构件系统。机构变异是在原机构的基础上通过改变结构演化发展出新的机构，称为变异机构。类似基因突变，规定机构变异必须遵守的变异法则，并对机构变异运算进行分类。变异机构与原机构的关系也类似于突变基因与原基因的关系，变异机构在继承原机构遗传特征的基础上产生了新的变异特征，突变基因与原基因是同位基因，而变异机构与原机构在构成上属于同类机构，具有相同的遗传特征。

1. 构件和运动副的基因表达

碱基对在碱基置换时可能变异为 A：T、G：C、T：A 和 C：G 中的一种，但它仍然是碱基对，可把碱基对看成基因突变的遗传特征，A：T、G：C、T：A 或 C：G 看成基因突变的变异特征。与此类似，构件和运动副也具有遗传和变异特性，如连杆在机构变异时长度发生了变化，但它仍然是连杆，保持了"连杆"的遗传性；平面 5 级低副在机构变异时其相对运动形式发生了变化，从转动副变异为移动副，但它的接触形式和引入约束数保持不变，仍然是平面 5 级低副，保持了"平面 5 级低副"的遗传性。机构是由构件和运动副联结形成的，两者缺一不可，因此必须规定构件与运动副彼此之间的联结特征，即什么样的构件能与什么样的运动副联结，反之亦然。因此，可将构件和运动副与机构变异有关的特征分为遗传特征、变异特征和联结特征。

据此可将构件 C 表达为

$$C = (F_{CH}, F_{CV}, F_{CR}) \tag{7.10}$$

式中：F_{CH}——构件的遗传特征。如连杆、齿轮、凸轮等具有相同遗传特征的构件称为同类构件，可用遗传特征来命名构件。

F_{CV}——构件的变异特征，包括尺寸变异特征和形状变异特征。尺寸变异特征是指影响机构运动特性的尺寸，如连杆的长度、齿轮的分度圆半径、凸轮的最小和最大半径等；形状变异特征是指影响机构运动特性的构件的形状，如齿轮的形状有渐开线圆柱、圆弧齿圆柱、摆线齿圆柱和锥齿等。

F_{CR}——构件的联结特征集。用于描述该构件与其他构件之间的联结关系（即运动副），如连杆的联结特征为平面 5 级低副，齿轮的联结特征为平面 4 级高副（与其他齿轮联结）和平面 5 级低副（与连杆联结）等。

将运动副 K 表达为

$$K = (F_{KH}, F_{KV}, F_{KR}) \tag{7.11}$$

式中：F_{KH}——运动副的遗传特征，如空间 1 级高副、平面 3 级低副、平面 4 级高副等，保持了运动副的接触形式和引入约束数的遗传性，具有相同遗传特征的运动副称为同类运动副，可用遗传特征来命名运动副；

F_{KV}——运动副的变异特征，如球面副、圆柱与平面副、螺旋副等，体现了运动副相对运动形式的变异性；

F_{KR}——运动副的联结特征集，用于描述运动副与其他运动副之间的联结关系，如平面 5 级低副的联结特征为连杆、齿轮、棘轮、凸轮、槽轮等。

在机构变异时可供选择的同类构件变异特征 F_{CV} 的集合记为 F_{CVH}，在机构变异时，可用数字来表示同类构件的不同变异特征，如平面四杆机构中连杆变异特征的集合 $F_{CVH} = \{0, 1, 2, 3, 4, \infty\}$，其中，0 表示连杆长度为 0，1～4 表示连杆的四种长度关系，$1 < 2 < 3 < 4$，∞ 表示连杆长度为无穷大，0 和 ∞ 称为极端特征，因为平面四杆机构的运动特性主要受杆长的影响，所以只考虑长度变异特征。在机构变异时可供选择的同类运动副变异特征的集合记为 F_{KVH}，

在机构变异时,可用数字来表示同类运动副的不同变异特征,如平面四杆机构中平面 5 级低副变异特征的集合 $F_{KVH} = \{0,1\}$,其中,0 代表转动副,1 代表移动副。

由构件和运动副的基因表达可知,构件的遗传特征与运动副的联结特征集、运动副的遗传特征与构件的联结特征集具有包含关系,当 $F_{CH} \in F_{KR}$,$F_{KH} \in F_{CR}$ 时,构件与运动副就能组合形成具有一定运动特性的机构。

2. 机构的基因表达

影响机构特性的因素包括组成机构 M 的一定数量和顺序的构件 C、运动副 K 以及构件与运动副的联结方式 L,因此,将机构 M 表示为

$$M = (C_M, K_M, L) \tag{7.12}$$

式中：C_M——机构的构件特征矩阵,表达了机构中所有构件的顺序和各个构件的遗传特征和变异特征；

K_M——机构的运动副特征矩阵,表达了机构中所有运动副的顺序和各个运动副的遗传特征和变异特征；

L——机构的联结关系矩阵,表达了机构中构件与运动副的联结关系。

三个矩阵的表达式如下：

$$C_M = \begin{bmatrix} F_{CH1} & F_{CV1} \\ F_{CH2} & F_{CV2} \\ \vdots & \vdots \\ F_{CHn_C} & F_{CVn_C} \end{bmatrix} \tag{7.13}$$

$$K_M = \begin{bmatrix} F_{KH1} & F_{KV1} \\ F_{KH2} & F_{KV2} \\ \vdots & \vdots \\ F_{KHn_K} & F_{KVn_K} \end{bmatrix} \tag{7.14}$$

$$L = \begin{bmatrix} l_{11} & l_{12} & \cdots & l_{1n} \\ l_{21} & l_{22} & \cdots & l_{2n} \\ \vdots & \vdots & & \vdots \\ l_{n1} & l_{n2} & \cdots & l_{nn} \end{bmatrix} \tag{7.15}$$

在构件特征矩阵中,每行表示机构中的一个构件,行的顺序表示构件在机构中的位置(其中第一行表示机架 C_1),第一列表示构件的遗传特征,第二列表示构件的变异特征。n_C 表示构件的遗传个数(即机构中构件的个数),F_{CHi}、F_{CVi}($i \in \{1,2,\cdots,n_C\}$)分别表示第 i 个构件的遗传特征和变异特征。在运动

副特征矩阵中,每行表示机构中的一个运动副,行的顺序表示运动副在机构中的位置,第一列表示运动副的遗传特征,第二列表示运动副的变异特征。n_K 表示运动副的遗传个数,F_{KHi}、F_{KVi}($i \in \{1, 2, \cdots, n_K\}$)分别表示第 i 个运动副的遗传特征和变异特征。在联结关系矩阵中,当 $l_{ij} = C_{ij} = k$($i, j \in \{1, 2, \cdots, n_C\}$,$k \in \{1, 2, \cdots, n_K\}$)时,$l_{ij}$ 表示第 i 个构件与第 j 个构件通过第 k 个运动副联结,且运动从第 i 个构件传到第 j 个构件,若两个构件之间没有运动副联结,则 $l_{ij} = 0$;当 $l_{ij} = K_{ij} = k$($i, j \in \{1, 2, \cdots, n_K\}$,$k \in \{1, 2, \cdots, n_C\}$)时,$l_{ij}$ 表示第 i 个运动副与第 j 个运动副通过第 k 个构件联结,且运动从第 i 个运动副传到第 j 个运动副,若两个运动副之间没有构件联结,则 $l_{ij} = 0$。显然,对角线元素 $l_{ii} = 0$,当 $l_{ij} \neq 0$ 时,$l_{ji} = 0$。

构件和运动副的遗传和变异特性以及两者联结关系的变异性使机构具有遗传和变异特性。根据这两种特性得出了机构的遗传特征矩阵和变异特征矩阵,分别表示如下:

$$F_{MH} = (F_{CHM}, F_{KHM}) \tag{7.16}$$

$$F_{MV} = (F_{CVM}, F_{KVM}, L) \tag{7.17}$$

式中:F_{CHM}——构件遗传特征列矩阵,即 C_M 的第一列;

$\quad\quad F_{KHM}$——运动副遗传特征列矩阵,即 K_M 的第一列;

$\quad\quad F_{CVM}$——构件变异特征列矩阵,即 C_M 的第二列;

$\quad\quad F_{KVM}$——运动副变异特征列矩阵,即 K_M 的第二列;

$\quad\quad L$——运动副联结矩阵。

类似于同位基因,将具有相同遗传特征的机构称为同类机构,如曲柄摇杆机构与曲柄滑块机构属于同类机构,即平面四杆机构。

综上所述,机构遗传学特征模型可用图 7.5(a)的形式表示(以曲柄摇杆机构为例)。其对应机构简图如图 7.5(b)所示。在图 7.5(a)中,"① 3"代表构件,左边黑色数字代表该构件在机构中的位置,1 表示机架;右边白色数字代表该构件的变异特征值,对于平面四杆机构,其变异特征为构件的长度尺寸特征。其中,0 表示构件长度为 0,1~4 依次表示构件四种从小到大的长度关系;C_L 表示构件的遗传特征为连杆;"◀40▶"代表运动副,左边黑色数字代表该运动副在机构中的位置,右边白色数字代表该运动副的变异特征值,在该模型中,0 表示转动副,1 表示移动副;K_{P5L} 表示运动副的遗传特征为平面 5 级低副。"—"和"→"表示构件与运动副之间的联结关系,箭头方向为运动传递方向。在图 7.5(b)中,用带圆圈的数字标识构件,用不带圆圈的数字标识运动副,标识构件和运动副的数字一般按机构的运动传递方向升序排列。

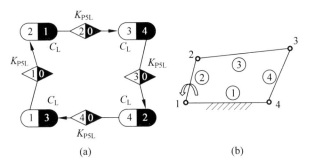

图 7.5 曲柄摇杆机构的遗传学特征模型

7.2.2 机构的基因运算

模仿生物的基因突变，为保留机构遗传特征规定了机构基因变异的变异法则，如下所述。

法则一：将构件特征矩阵中某个变异特征 F_{CVi}（或运动副特征矩阵中某个变异特征 F_{KVi}）换为构件变异特征集 F_{CVH}（或运动副变异特征集 F_{KVH}）中的任一元素，$F_{CVi} \in F_{CVH}$，$F_{KVi} \in F_{KVH}$。

法则二：互换构件特征矩阵 C_M（或运动副特征矩阵 K_M）的任意两行元素。

法则三：互换联结关系矩阵 L 中除对角线元素（恒为 0）外的任意两个元素。

根据以上三条变异法则总结出机构基因变异的 6 种变异运算，即自发变异、极端变异、互换变异、反向变异、重组变异和杂交变异，通过对机构遗传学特征模型的变异运算实现机构变异。

1. 自发变异

自发变异是指在原机构（$M_O=(C_{MO},K_{MO},L_O)$，下同）的构件特征矩阵（或运动副特征矩阵）中，用某个构件（或运动副）的变异特征集合中除极端特征之外的一个变异特征替换该构件（或运动副）原来的特征而形成变异机构（$M_V=(C_{MV},K_{MV},L_V)$，下同）的变异运算，即令 $F_{CVi}=F,F \in F_{CVHi}$（或 $F_{KVi}=F,F \in F_{KVHi}$），且 $F \neq 0,\infty$。记为 $O_s(C_i)$（或 $O_s(K_i)$）。如图 7.6 所示为进行 $O_s(C_4)$ 运算，将 C_4 的变异特征从 2 变为 1，从而使曲柄摇杆机构变异为双摇杆机构。

2. 极端变异

极端变异是指在原机构的构件特征矩阵（或运动副特征矩阵）中，将构件（或运动副）的变异特征改变为极端特征 0 或 ∞ 而形成变异机构的变异运算。

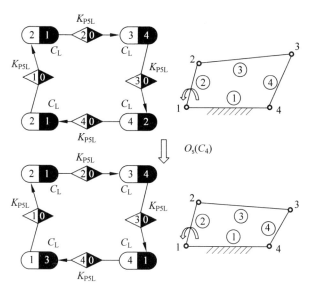

图 7.6　自发变异

记为 $O_{\mathrm{p}}(C_i \Rightarrow 0)$ 或 $O_{\mathrm{p}}(C_i \Rightarrow \infty)$。如图 7.7 所示为进行 $O_{\mathrm{p}}(C_4 \Rightarrow 0) \bigcup O_{\mathrm{p}}(C_1 \Rightarrow \infty)$ $\bigcup O_{\mathrm{s}}(K_4)$ 运算,将 C_4 的变异特征从 2 极端化为 0,将 C_1 的变异特征从 3 极端化为 ∞,将运动副 K_4 通过自发变异由 1(转动副)变异为 2(移动副),从而使曲柄摇杆机构变异为曲柄滑块机构。

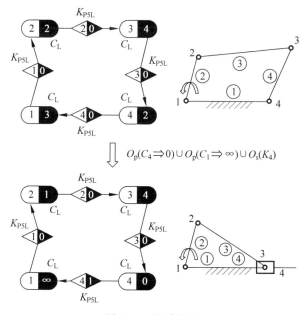

图 7.7　极端变异

3. 互换变异

互换变异是指在原机构的构件特征矩阵（或运动副特征矩阵）中，当两个构件（或运动副）的遗传特征相同而变异特征不同时，彼此交换变异特征而形成变异机构的变异运算，即当 $F_{\mathrm{CH}i}=F_{\mathrm{CH}j}$（或 $F_{\mathrm{KH}i}=F_{\mathrm{KH}j}$）且 $F_{\mathrm{CV}i} \neq F_{\mathrm{CV}j}$（或 $F_{\mathrm{KV}i} \neq F_{\mathrm{KV}j}$）时，令 $F=F_{\mathrm{CV}i}$（或 $F=F_{\mathrm{KV}i}$），$F_{\mathrm{CV}i}=F_{\mathrm{CV}j}$（或 $F_{\mathrm{KV}i}=F_{\mathrm{KV}j}$），$F_{\mathrm{CV}j}=F$（或 $F_{\mathrm{KV}j}=F$），其中 F 为中间变量。记为 $O_{\mathrm{e}}(C_i \Leftrightarrow C_j)$（或 $O_{\mathrm{e}}(K_i \Leftrightarrow K_j)$）。如图 7.8 所示为进行 $O_{\mathrm{e}}(C_4 \Leftrightarrow C_2)$ 运算，将构件 C_1 和 C_2 的变异特征互换而使曲柄摇杆机构变异为双曲柄机构。

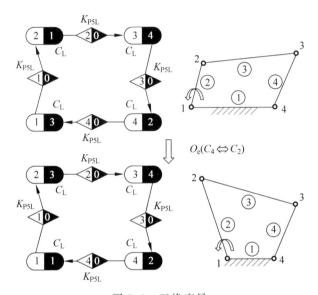

图 7.8　互换变异

4. 反向变异

反向变异是指使原机构的运动传递方向完全相反，即将原机构的联结关系矩阵进行转置形成新的联结关系矩阵而形成变异机构的运算，即令 $L_{\mathrm{V}}=L_{\mathrm{O}}^{\mathrm{T}}$，记为 $O_{\mathrm{T}}(L)$。如图 7.9 所示为进行 $O_{\mathrm{T}}(L)$ 运算，使输入转动和输出摆动变为输入摆动和输出转动。

5. 重组变异

重组变异是指将原机构的构件（或运动副）重新组合而形成变异机构的运算，即在原机构的联结关系矩阵（或构件特征矩阵或运动副特征矩阵）中，通过互换任意两个除对角线外的元素（或两行元素）的方式改变构件或运动副在机构中的位置。记为 $O_{\mathrm{r}}(C)$ 或 $O_{\mathrm{r}}(K)$ 或 $O_{\mathrm{r}}(L)$。如图 7.10 所示为进行 $O_{\mathrm{r}}(C)$

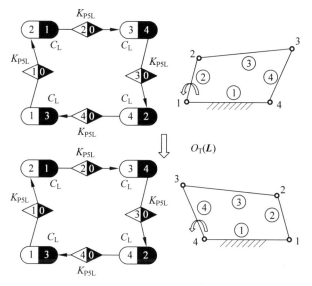

图 7.9　反向变异

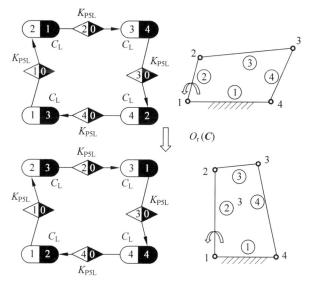

图 7.10　重组变异

运算,使曲柄摇杆机构变为双摇杆机构。

6．杂交变异

杂交变异是指将两个不同的原机构($\mathbf{M}_{O1}$,$\mathbf{M}_{O2}$)各取一部分组合形成变异机构的运算(原机构和变异机构均属于同类机构),记为 $O_C(\mathbf{M}_{O1},\mathbf{M}_{O2} \Rightarrow \mathbf{M}_V)$。如图 7.11 所示为进行 $O_C(\mathbf{M}_{O1},\mathbf{M}_{O2} \Rightarrow \mathbf{M}_V)$ 运算,各取两个原机构虚线框中的

部分重新组成新机构。

上述 6 种运算构成了对机构遗传学特征模型运算的完备性，任何一种变异机构都能通过对原机构进行以上某个变异运算或若干个运算的组合运算得到。

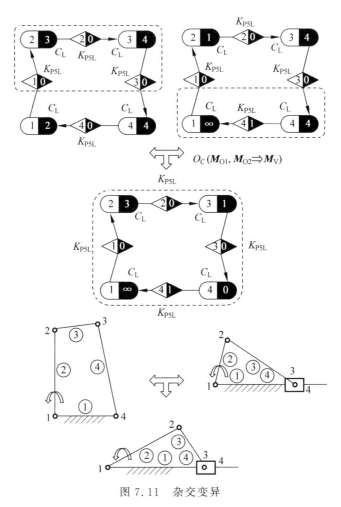

图 7.11　杂交变异

7.3　遗传学原理模型下的机构基因变异

7.3.1　机构的遗传学原理模型

机构是由两个以上的构件以机架为基础，由运动副以一定方式联结形成的具有确定相对运动的构件系统。机构的功能实质上就是将输入构件的运动转化为输出构件的运动。在输入运动不变的情况下(因为输入运动是由前一个机构的输出运动决定的),通过改变原机构中的某些因素,使输出运动产生变化(如由圆周转动变成直线运动)而形成的新的机构,称为原机构的变异机构。下面具体探讨影响机构输出运动的主要因素(称为影响因子),并模仿遗传学的相关原理构建机构的遗传学原理模型。

1. 机构运动输出的影响因子

由机构的概念可知,影响机构运动输出的因素包括构件、机架、运动副和运动副对构件的联结方式。机架可看成是特殊的构件,对于构件在概念设计中主要关心的是它对机构运动特性产生影响的尺寸,如连杆的长度、齿轮的分度圆半径等,这些名词相对比较笼统,具体可以这样描述:假设连杆的两端分别是两个转动副,而连杆中间没有其他运动副,则连杆的长度就可具体定义为那两个转动副中心的距离;假设齿轮的轴心是一个转动副并与另一个齿轮啮合形成齿轮机构,则齿轮的分度圆半径就可大致描述为转动副和平面高副之间的距离,因为平面高副的具体位置是随着齿轮的运动而沿着齿廓运动的,所以这里的距离是大致的描述,即动态的距离关系可取其大概平均值,这对概念设计(以下均有此前提)来说是允许的,因为概念设计是一种定性的设计。于是,根据以上分析,可将影响机构运动输出的构件的尺寸描述为与构件相关的运动副之间的距离。

运动副对机构运动输出的影响主要体现在运动副引入的约束数、相对运动形式和接触部分的几何形状。因为机构变异不是任意变异,变异机构是在原机构的基础上进行变异的,对原机构的某些特征具有继承性,于是借用遗传学的概念将运动副的特性(记为 F)归纳为遗传特性(记为 F_H)和变异特性(记为 F_V),$F = [F_H \quad F_V]$,如表 7.3 所示。遗传特性在机构变异前后保持不变,变异特性在机构变异前后可发生改变。

表 7.3 运动副特性基因

遗传特性 F_H(编码)	变异特性 F_V(编码)
空间 1 级高副(0)	球与平面副(0)
空间 2 级高副(1)	圆柱与平面副(0)
	球与圆柱副(1)
空间 3 级高副(2)	球面副(0)
平面 3 级低副(3)	平面与平面副(0)
空间 4 级低副(4)	球销副(0)
	圆柱副(1)

续表

遗传特性 F_H（编码）	变异特性 F_V（编码）
平面 4 级高副（5）	平面齿式高副（0）
	平面摩擦式副（1）
空间 5 级低副（6）	螺旋副（0）
平面 5 级低副（7）	转动副（0）
	移动副（1）

实际上，一个运动副只联结两个构件，运动从一个构件传到另一个构件，但当用运动副之间的距离来表示影响机构变异的构件的尺寸时，运动可从一个运动副传递给多个运动副，这个运动副就分别与那多个运动副之间有一个距离关系。因此，可用机构中所有的运动副之间的距离关系来描述机构中运动副对构件的联结方式。

综上所述，影响机构运动输出的影响因子包括：运动副之间的距离、运动副特性（包括遗传特性和变异特性）和运动副之间的距离关系。

2. 机构遗传学原理模型的构建

现代遗传学认为，染色体是细胞在有丝分裂时遗传物质存在的特定形式。染色体的主要成分是 DNA（脱氧核糖核酸）和蛋白质，其中 DNA 中有遗传效应的片段称为基因，基因控制蛋白质的合成，通过蛋白质执行生物体的各项功能。形态和结构相同的染色体称为同源染色体，反之，则互称为非同源染色体。一般在同源染色体上有相同的基因座位，在同源染色体的相同基因座位上控制某一性状的不同形态的基因称为等位基因，等位基因有显性和隐性之分，当显性基因存在时，对应性状的形态由显性基因控制，否则由隐性基因控制。真核生物的性状就是由真核细胞中的所有染色体控制的。遗传学若干概念与机构运动输出影响因子的相似性如图 7.12 所示。

从以上对影响因子的分析可知，当机构的输入运动不变时，其输出运动是由这些影响因子控制的，这些影响因子都与运动副有关，每个运动副各有一套不同的影响因子，每个运动副上的每个影响因子都控制着机构的某个性状，这些因子的不同取值控制着对应性状的不同形态。将运动副特性和距离矢量均称为运动副基因，运动副变异特性和运动副遗传特性分别称为运动副特性基因的基因信息和基因座（即基因在染色体中的位置）；距离矢量模（记为 D_M）和距离矢量方向（记为 D_O）分别称为距离矢量基因的基因信息和基因座。运

有丝分裂

动副特性基因描述了运动副内在的基本属性,在一条运动副染色体中有且只有一个运动副特性基因;运动副距离矢量基因描述了运动副染色体与同一机构中非同源运动副染色体的关系,在一条运动副染色体中至少有一个运动副距离矢量基因。为了表达方便,规定运动副染色体上的显性基因集中在一条运动副染色体上,这条运动副染色体称为显性运动副染色体(记为 $\boldsymbol{K}_{\mathrm{E}}$),其余同源运动副染色体称为隐性运动副染色体(记为 $\boldsymbol{K}_{\mathrm{R}}$),运动副染色体的等位基因中有且只有一个显性基因,这样,机构的性状就完全由显性运动副染色体决定,而不用考虑其他同源运动副染色体。机构中第 k 条显性运动副染色体记为

$$\boldsymbol{K}_{\mathrm{E}k} = \begin{bmatrix} F_{\mathrm{H}k} & F_{\mathrm{V}k} & D_{\mathrm{O}m_1^k} & D_{\mathrm{M}m_1^k} & D_{\mathrm{O}m_2^k} & D_{\mathrm{M}m_2^k} & \cdots & D_{\mathrm{O}m_i^k} & D_{\mathrm{M}m_i^k} & \cdots & D_{\mathrm{O}m_p^k} & D_{\mathrm{M}m_p^k} \end{bmatrix}$$

$$(7.18)$$

式中:$F_{\mathrm{H}k}$——第 k 条运动副染色体的特性基因座($k=1,2,3,\cdots,n,n$ 为机构的运动副染色体总数);

　　　$F_{\mathrm{V}k}$——第 k 条运动副染色体的特性基因信息;

　　　$D_{\mathrm{O}m_i^k}$——第 k 条运动副染色体到第 m_i^k 条运动副染色体的距离矢量基因座;

　　　$D_{\mathrm{M}m_i^k}$——第 k 条运动副染色体到第 m_i^k 条运动副染色体的距离矢量基因信息(m_i^k 为正自然数,$1 \leqslant m_i^k \leqslant n$,且 $m_i^k \neq k$,i 表示运动副染色体的第 i 个距离矢量基因,$i=1,2,3,\cdots,$ $p(1 \leqslant p \leqslant n-1)$)。

　　根据以上分析的相似性,分别将影响机构运动输出的运动副染色体序号、运动副染色体上的特性基因和距离矢量基因进行编码。用正自然数编码机构中的各个运动副染色体,一般情况下,正自然数的升序方向为机构的运动传递方向,称这些正自然数为该机构的运动副染色体序号。如图 7.13(a)所示,用 1、2、3、4 编码曲柄摇杆机构中的各个运动副,运动从 1 传到 4,称正自然数为曲柄摇杆机构的运动副染色体序号。运动副染色体上的特性基因编码如表 7.3 所示。分析机构中距离矢量的个数,假设有 $j\left(3 \leqslant j \leqslant \dfrac{n(n-1)}{2}\right)$ 个距离矢量,则运动副距离矢量基因信息的可选编码为正整数 $0,1,2,\cdots,j$,即 $D_{\mathrm{M}m_i^k}=0,1,2,\cdots,j$,其中,0 表示距离矢量基因信息可忽略不计,1~$j$ 表示从小到大的距离矢量基因信息,距离矢量基因座用运动副序号进行编码,则 $D_{\mathrm{O}m_i^k}=m_i^k$。例如在 1 号运动副染色体上的距离矢量基因座为 2 表示距离矢量

方向为从 1 号运动副到 2 号运动副的运动传递方向。

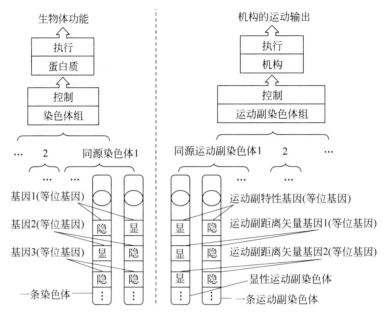

图 7.12　遗传学若干概念与机构运动输出影响因子的相似性

利用图的形式对机构中各运动副之间的关系进行表达,图 7.13 中包含了运动副染色体序号、运动副染色体距离矢量基因等信息,称该图为机构的染色体关系图。在关系图中,用带圆圈的正自然数表示运动副染色体序号,填充色为黑色的圆圈表示运动副与机架联结,用带箭头的线段表示运动副距离矢量基因座,箭头方向为运动传递方向,箭头指向的运动副染色体序号就是线段始端连接的运动副染色体上的距离矢量基因座,线段上的正整数表示始端运动副染色体上距离矢量基因信息。如图 7.13(b)所示为曲柄摇杆机构的染色体关系图。

利用矩阵的形式对以上的所有编码进行表达。称该矩阵为机构的染色体矩阵,记为

$$
\boldsymbol{C}_{\mathrm{K}} = \begin{array}{c} 1 \\ 2 \\ \vdots \\ k \\ \vdots \\ n \end{array} \begin{bmatrix} \boldsymbol{K}_{\mathrm{E1}} \\ \boldsymbol{K}_{\mathrm{E2}} \\ \vdots \\ \boldsymbol{K}_{\mathrm{E}k} \\ \vdots \\ \boldsymbol{K}_{\mathrm{E}n} \end{bmatrix}
$$

$$
=\begin{array}{c} 1 \\ 2 \\ \vdots \\ k \\ \vdots \\ n \end{array}
\begin{bmatrix}
F_{H1} & F_{V1} & D_{Om_1^1} & D_{Mm_1^1} & D_{Om_2^1} & D_{Mm_2^1} & \cdots & D_{Om_i^1} & D_{Mm_i^1} & \cdots & D_{Om_p^1} & D_{Mm_p^1} \\
F_{H2} & F_{V2} & D_{Om_1^2} & D_{Mm_1^2} & D_{Om_2^2} & D_{Mm_2^2} & \cdots & D_{Om_i^2} & D_{Mm_i^2} & \cdots & D_{Om_p^2} & D_{Mm_p^2} \\
\vdots & \vdots & \vdots & \vdots & \vdots & \vdots & & \vdots & \vdots & & \vdots & \vdots \\
F_{Hk} & F_{Vk} & D_{Om_1^k} & D_{Mm_1^k} & D_{Om_2^k} & D_{Mm_2^k} & \cdots & D_{Om_i^k} & D_{Mm_i^k} & \cdots & D_{Om_p^k} & D_{Mm_p^k} \\
\vdots & \vdots & \vdots & \vdots & \vdots & \vdots & & \vdots & \vdots & & \vdots & \vdots \\
F_{Hn} & F_{Vn} & D_{Om_1^n} & D_{Mm_1^n} & D_{Om_2^n} & D_{Mm_2^n} & \cdots & D_{Om_i^n} & D_{Mm_i^n} & \cdots & D_{Om_p^n} & D_{Mm_p^n}
\end{bmatrix}
$$

$$(7.19)$$

在矩阵中,每一行表示一条非同源显性运动副染色体,行号对应运动副染色体序号,其中,第一行表示机构的第一个运动副(输入运动构件与机架联结的运动副)。如图 7.13(c)所示,在曲柄摇杆机构的染色体矩阵 $\boldsymbol{C}_K$ 中,以第一行元素为例,矩阵元素 $F_{H1}=7$ 表示 1 号运动副染色体的特性基因座为平面 5 级低副,$F_{V1}=0$ 表示特性基因信息为转动副,$D_{Om_1^1}=2$ 表示运动副距离矢量基因座为 2,即 1 号运动副染色体与 2 号运动副染色体之间有距离矢量,且方向从 1 号到 2 号,$D_{Mm_1^1}=1$ 表示运动副距离矢量基因信息为 1,即从 1 号运动副染色体到 2 号运动副染色体的距离矢量基因信息为 1。

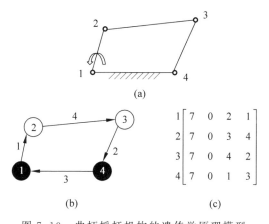

图 7.13　曲柄摇杆机构的遗传学原理模型

将机构的染色体关系图和染色体矩阵合称为机构的遗传学原理模型。图 7.13(b)和(c)合称为曲柄摇杆机构的遗传学原理模型。

7.3.2　运动副染色体的基因重组运算

遗传学的重要作用就是解释了生物学中两大矛盾的生命现象"遗传"和

"变异"，而有丝分裂和减数分裂提供了一个重要的线索：有丝分裂是一个维持遗传结构的过程，而减数分裂却是产生变异的过程，通过独立分配和交换而达到重组。减数分裂（meiosis）是指有性生殖的个体在形成生殖细胞过程中发生的一种特殊分裂方式。减数分裂的特点是DNA复制一次，而细胞连续分裂两次，形成单倍体的精子和卵子，通过受精作用又恢复二倍体（对于二倍体生物而言），减数分裂过程中同源染色体间发生交叉，使配子的遗传多样化，增加了后代的适应性，因此减数分裂不仅是保证物种染色体数目稳定的机制，而且也是物种适应环境变化不断进化的机制。

减数分裂的大致过程（以二倍体生物为例）如图7.14（a）所示，首先，精（卵）原细胞中的染色体自我复制，形成两条形状、大小和携带的DNA信息完全相同的姐妹染色单体；然后，同源染色体进行联会（联会是指同源染色体的配对，此时的每条同源染色体都各由两条姐妹染色单体构成），这时的细胞称为初级精（卵）母细胞；接着，同源染色体交叉，联会的两条同源染色体的相邻姐妹染色单体的一部分互换，即这部分染色体上的基因与其同源染色体上的等位基因互换；接着，每个初级精（卵）母细胞分裂为两个次级精（卵）母细胞（第一次细胞分裂）使同源染色体分开，分别进入不同的次级精（卵）母细胞中；最后，每个次级精（卵）母细胞分裂为两个精子（卵）细胞，使姐妹染色单体分开。这样，经过减数分裂，精（卵）原细胞中的两种基因组合（两条同源染色体各携带一种）就变为精子（卵）细胞中的四种基因组合，达到了非等位基因重新组合（基因重组）的目的。

模仿遗传学中减数分裂的过程，机构中运动副染色体也可以通过类似减数分裂的机制而使影响因子重新分配组合，达到机构变异的目的。以图7.14（b）中1号运动副染色体为例，其编码为7021，其中，0和1分别为基因座7和2上的显性基因，则其同源运动副染色体有7120、7124、7122和7123。基因的显隐性在生物各代的染色体中是相对稳定的，但在机构染色体中，显性是相对的，运动副染色体基因重组而使机构发生变异后，原来的隐性基因可能变成显性，对应的显性基因变成隐性，并且在变异后，至少有一对等位基因发生显隐性互换。如图7.14（b）所示，对1号运动副染色体7021通过减数分裂进行基因重组获得新运动副染色体7024，该新运动副染色体成为显性运动副染色体，基因座2上的基因信息4由原机构的隐性变为变异机构的显性，控制变异机构的相应性状，从而使变异机构的功能不同于原机构。

染色体的基因重组除了能通过减数分裂实现外，还可通过染色体变异实现，染色体基因的增添和缺失以及染色体内基因的易位（即基因从染色体上的

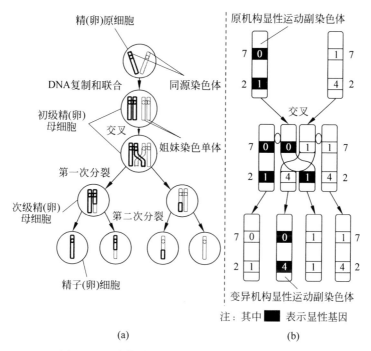

图 7.14 减数分裂与运动副染色体的基因重组

某个基因座转移到相同染色体上的另一个基因座上）就是染色体变异的其中两种方式。考虑机构变异的特殊性，为了保证运动副信息的完整性，规定运动副染色体中必须至少有一个距离关系基因，同时，运动副特性基因不可增添或缺失，即只能发生运动副距离矢量基因的增添或缺失；为了保证变异机构和原机构的距离矢量数目相同，规定运动副染色体基因的增添和缺失必须同时进行，即有一条运动副染色体增添了一个距离矢量基因，则其非同源运动副染色体必须缺失一个对应的距离矢量基因。与生物染色体类似，运动副染色体也可进行染色体内基因易位，即距离矢量基因座的改变，由于运动副遗传特性在机构变异时保持不变，因此规定运动副特性基因座不可易位，将运动副特性基因座看成为特殊基因座，与距离矢量基因座分别编码，即两者编码无关，如图 7.16 原机构中 6 号运动副染色体的特性基因座和距离矢量基因座均为 7，不产生歧义。例如，在图 7.17 中，使原机构的 4 号运动副染色体 715069 缺失距离矢量基因 6(9)（表示基因座 6 中的基因信息为 9，下同）变为 715000（基因座和基因信息均为 0 表示没有距离矢量基因），同时 5 号运动副染色体 701300 增添相应的基因 6(9)变为 701369，4 号运动副染色体的基因 5(0)易位为 6(0)，最后成为变异机构的编码 716000，5 号运动副染色体继续进行体内基因易位成为变异机构的编码 701349。

综上所述，运动副染色体的基因重组可通过减数分裂、运动副染色体基因的增添和缺失以及运动副染色体内基因的易位等三种方法实现，从而达到机构变异的目的。将以上三种方法具体归纳为显性、易位和转移等三种运算，称为运动副染色体的基因重组运算，这样，机构变异就能通过对机构遗传学原理模型进行运动副染色体基因重组运算实现，变异机构的染色体矩阵记为：

$$
C'_K=\begin{matrix}1\\2\\\vdots\\k\\\vdots\\n\end{matrix}\begin{bmatrix}K'_{E1}\\K'_{E2}\\\vdots\\K'_{Ek}\\\vdots\\K'_{En}\end{bmatrix}
$$

$$
=\begin{matrix}1\\2\\\vdots\\k\\\vdots\\n\end{matrix}\begin{bmatrix}F'_{H1} & F'_{V1} & D'_{Om_1^1} & D'_{Mm_1^1} & D'_{Om_2^1} & D'_{Mm_2^1} & \cdots & D'_{Om_i^1} & D'_{Mm_i^1} & \cdots & D'_{Om_p^1} & D'_{Mm_p^1}\\ F'_{H2} & F'_{V2} & D'_{Om_1^2} & D'_{Mm_1^2} & D'_{Om_2^2} & D'_{Mm_2^2} & \cdots & D'_{Om_i^2} & D'_{Mm_i^2} & \cdots & D'_{Om_p^2} & D'_{Mm_p^2}\\ \vdots & \vdots & \vdots & \vdots & \vdots & \vdots & & \vdots & \vdots & & \vdots & \vdots\\ F'_{Hk} & F'_{Vk} & D'_{Om_1^k} & D'_{Mm_1^k} & D'_{Om_2^k} & D'_{Mm_2^k} & \cdots & D'_{Om_i^k} & D'_{Mm_i^k} & \cdots & D'_{Om_p^k} & D'_{Mm_p^k}\\ \vdots & \vdots & \vdots & \vdots & \vdots & \vdots & & \vdots & \vdots & & \vdots & \vdots\\ F'_{Hn} & F'_{Vn} & D'_{Om_1^n} & D'_{Mm_1^n} & D'_{Om_2^n} & D'_{Mm_2^n} & \cdots & D'_{Om_i^n} & D'_{Mm_i^n} & \cdots & D'_{Om_p^n} & D'_{Mm_p^n}\end{bmatrix}
$$

$$(7.20)$$

下面详细介绍这三种运算的具体操作过程。

1. 显性运算

显性运算是指将隐性运动副染色体中的隐性运动副特性基因信息 F'_{Vk} 和隐性运动副距离矢量基因信息 $D'_{Mm_i^k}$ 显性化，并使原来相应的显性基因信息 F_{Vk} 和 $D_{Mm_i^k}$ 隐性化而实现机构变异的操作，记为 $S_k^p(g\to g')$，其中 k 表示进行显性运算的运动副染色体序号，p 表示 k 上的基因座 F_{Hk} 或 $D_{Om_i^k}$，g 和 g' 分别表示进行显性运算前后 p 基因座上的显性基因信息 F_{Vk}（或 $D_{Mm_i^k}$）和 F'_{Vk}（或 $D'_{Mm_i^k}$）。显性运算可分为两种：一种是对运动副特性基因信息 F_{Vk} 的显性运算，记为 $SI_k^p(g\to g')$；一种是对运动副距离矢量基因信息 $D_{Mm_i^k}$ 的显性运算，记为 $SD_k^p(g\to g')$。如图 7.15 所示为进行 $SI_4^7(0\to 1)\bigcup SD_3^4(2\to 0)$ 运算，将 4 号运动副染色体的运动副特性基因座 7 中的隐性基因信息 1 显性化而代替原来的 0，将 3 号运动副染色体的运动副距离矢量基因座 4 中的隐性基因信息 0 显性化而代替原来的 2，从而使曲柄摇杆机构变异为曲柄滑块机构。

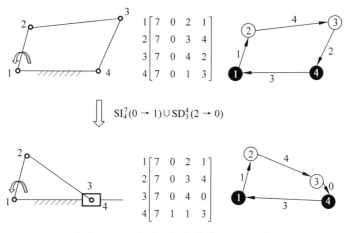

$$\text{SI}_4^7(0 \rightarrow 1) \cup \text{SD}_3^4(2 \rightarrow 0)$$

图 7.15　平面四杆机构的显性运算

2. 易位运算

易位运算是指改变运动副染色体上的距离矢量基因座 $D_{Om_i^k}$ 而实现机构变异的操作，记为 $T_k^{p \rightarrow p'}(g)$，其中，$k$ 表示进行易位运算的运动副染色体序号，p 和 p' 分别表示进行易位运算前后的 k 上的距离矢量基因座 $D_{Om_i^k}$ 和 $D'_{Om_i^k}$，g 为 p 或 p' 中的基因信息 $D_{Mm_i^k}$，在易位运算前后保持不变。为了操作方便，将对同个距离矢量基因 D 的显性并易位运算记为 $\text{SDT}_k^{p \rightarrow p'}(g \rightarrow g')$。如图 7.16 所示为进行运算 $\text{SDT}_3^{6 \rightarrow 5}(6 \rightarrow 5) \cup \text{SI}_4^7(1 \rightarrow 0) \cup \text{SDT}_4^{5 \rightarrow 1}(0 \rightarrow 3) \cup \text{SDT}_4^{6 \rightarrow 5}(9 \rightarrow 8) \cup \text{SDT}_5^{1 \rightarrow 6}(3 \rightarrow 2)$，实现对平面六杆机构的变异。

3. 转移运算

转移运算是指将一条运动副染色体 k_1 上的一个距离矢量基因 D（包括基因座 $D_{Om_i^k}$ 和基因信息 $D_{Mm_i^k}$）转移到同一机构中一条非同源运动副染色体 k_2 上而实现机构变异的操作，记为 $M_{k_1 \rightarrow k_2}^p(g)$，其中 k_1 和 k_2 分别表示移出和移入距离矢量基因的运动副染色体序号，$k_1, k_2 = 1, 2, \cdots, n$，且 $k_1 \neq k_2$，p 表示进行转移运算的 k_1 上的距离矢量基因座 $D_{Om_i^{k_1}}$，g 表示进行转移运算的 p 基因座上的基因信息 $D_{Mm_i^{k_1}}$。为操作方便，将对同个距离矢量基因 D 的显性并转移运算、易位并转移运算和显性、易位并转移运算分别记为 $\text{SDM}_{k_1 \rightarrow k_2}^p(g \rightarrow g')$、$\text{TM}_{k_1 \rightarrow k_2}^{p \rightarrow p'}(g)$ 及 $\text{SDTM}_{k_1 \rightarrow k_2}^{p \rightarrow p'}(g \rightarrow g')$，如图 7.17 所示为进行

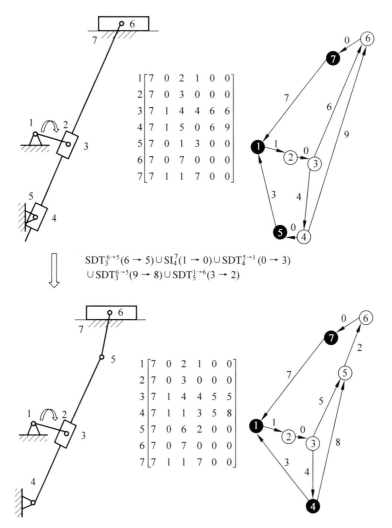

$$\mathrm{SDT}_3^{6\rightarrow5}(6\rightarrow5)\cup\mathrm{SI}_4^7(1\rightarrow0)\cup\mathrm{SDT}_4^{5\rightarrow1}(0\rightarrow3)$$
$$\cup\mathrm{SDT}_3^{6\rightarrow5}(9\rightarrow8)\cup\mathrm{SDT}_5^{1\rightarrow6}(3\rightarrow2)$$

图 7.16　平面六杆机构的显性和易位运算

$\mathrm{SD}_3^4(4\rightarrow6)\bigcup\mathrm{SDT}_3^{6\rightarrow5}(6\rightarrow4)\bigcup T_4^{5\rightarrow6}(0)\bigcup\mathrm{TM}_{4\rightarrow5}^{6\rightarrow4}(9)$ 运算，实现对平面六杆机构的变异。

　　根据上述各种基因重组运算的定义和举例可知，显性运算、易位运算和转移运算分别是对基因信息、距离矢量基因座和运动副染色体序号的运算，三种运算构成了对机构遗传学原理模型的运动副染色体基因重组运算的完备性，任何一种变异机构都能通过对原机构的遗传学原理模型进行基因重组运算得到。

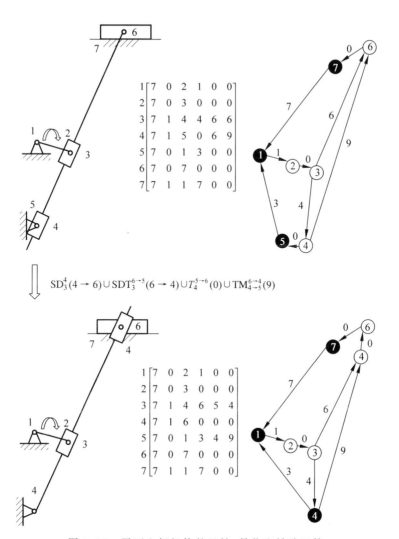

图 7.17　平面六杆机构的显性、易位和转移运算

第8章

基于混合协同优化的产品型谱性能重构

8.1 多平台产品型谱重构设计问题描述

8.1.1 多平台产品型谱设计空间表达

使用进化算法求解产品型谱优化问题,首先要建立合理的设计空间染色体表达。基于结构化遗传算法原理的染色体表达方法,用控制位"1"或"0"表示变量在所有产品中共享或独立,仅能表达单平台设计。在多平台染色体表达方法中,设产品型谱包括 p 个实例产品,每个产品包括 n 个设计变量,则通用性染色体和设计变量染色体分别构成两个 $p \times n$ 矩阵,如图 8.1(a)、(b)所示。通用性染色体的每个基因取 $1 \sim p$ 之间的任意整数,列向量中两个相同的整数值表示该变量在这两个实例产品中共享;设计变量染色体中每个变量在其约束范围内取值,并与通用性染色体规定的变量共享情况保持一致。在产品型谱方案进化过程中,通用性染色体对设计变量染色体施加约束,以保证两者变量共享的一致性。

	x_1	x_2	x_3	x_4	x_5	x_6
实例产品1	1	2	3	1	2	1
实例产品2	2	2	3	2	3	3
实例产品3	3	1	3	1	1	3

(a) 平台通用性染色体

	x_1	x_2	x_3	x_4	x_5	x_6
实例产品1	x_{11}	c_2	c_3	c_4	x_{15}	x_{16}
实例产品2	x_{12}	c_2	c_3	x_{24}	x_{25}	c_6
实例产品3	x_{13}	c_{32}	c_3	c_4	x_{35}	c_6

(b) 设计变量染色体

图 8.1 平台通用性与设计变量染色体表达方法

扩展二进制染色体的单点交叉算子和变异算子,分别得到二维通用性染色体的象限交叉算子和列向量变异算子。象限交叉算子首先在 $p \times n$ 矩阵内部随机选择一个点,将矩阵划分为 4 个象限。然后随机选择一个象限,交换两父个体中该象限的基因值,完成通用性染色体的交叉,其交叉过程如图 8.2 所示。对于包括 p 个实例产品和 n 个设计变量的产品型谱,分别在区间 $(1,p)$ 和 $(1,n)$ 内产生两个随机整数,则这两个数将通用性染色体分为 4 个象限。在 4 个象限中随机选择一个象限,交换父个体 1 和父个体 2 中该象限的基因值,生成具有不同通用性等级的子个体 1 和子个体 2。

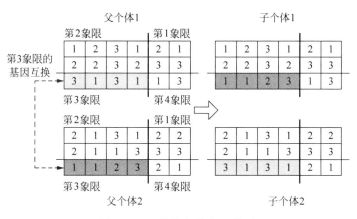

图 8.2　二维染色体交叉算子

通用性染色体的变异算子用来增加进化过程中平台组合方式的多样性,以增强进化算法对多平台产品型谱设计方案的搜索能力。设 p_m 为用户设定的变异概率, $c(i,j)$ ($i = 1,2,\cdots,p$; $j = 1,2,\cdots,n$) 为染色体基因位变量,则通用性染色体变异算子伪代码可描述如下:

```
for i = 1 to n
{   temp₁ = random(0,1);
    if (temp₁ ≤ pₘ)
    {   temp₂ = random(0,1);
        if (temp₂ ≤ 0.5)
        {   for i = 1 to p
               c(i,j) = i;  }
        else
        {   for i = 1 to n
               c(i,j) = 1; }
} }
```
$$(8.1)$$

该变异程序对每个设计变量生成 $[0,1]$ 之间的一个随机数,如果该值小于预先设定的变异概率 p_m,则改变变量在实例产品中的共享情况,即随机将该变量的通用性变为全部独立或全部共享，否则不改变变量的通用性。

8.1.2　平台通用性目标函数

根据产品型谱设计空间的染色体表达方式，需建立合适的目标函数以描述平台通用性等级。可以用产品型谱罚函数法（product family penalty function，PFPF）衡量各实例产品间设计变量的偏差程度，PFPF 越小，则平台的通用性越高。但仅考虑变量的差异无法准确描述平台的共享程度，因为即使某变量在各实例产品中取值偏差较小，也可能存在各产品间相互独立，而无共享的情况。

Martin 等提出了通用性指数（commonality index，CI）来衡量产品型谱中组件的通用等级，一个包含 p 个产品和 n 个组件的产品型谱 CI 值可表示为

$$CI = 1 - \frac{u - n}{n(p - 1)} \tag{8.2}$$

式中：u——产品型谱中独立组件的数目。

CI 在[0,1]区间变化，CI 越大，表明产品型谱中独立组件的数量越少，则产品型谱的通用性越高。

CI 指数适用于模块化产品型谱中平台通用性的衡量，而对于变量共享的参数化产品型谱，可借鉴 CI 指数的构建方法，建立类似的平台通用性指数。基于多平台通用性的二维染色体表达方法，定义 N_i 为通用性染色体第 i 个变量中独立整数的个数，建立参数化产品型谱非通用性指数（none commonality index，NCI），记为 C_N：

$$C_N = \frac{\sum_{i=1}^{n}(N_i - 1)}{n(p - 1)} \tag{8.3}$$

式中：p——实例产品个数；

　　　n——单个产品设计变量个数。

C_N 在[0,1]区间变化，C_N 越小，表明产品平台中独立变量的数量越少，公共变量的数量越多，则平台通用性越高。

8.1.3　产品型谱优化重构的数学模型

优化方法是近年来应用于产品设计中的一种重要方法，是指通过合适的优化算法，例如遗传算法、模拟退火、粒子群算法等，来确定产品设计变量的合理取值，在满足设计约束的前提下，达到最优或者较优的设计目标。实例产品

的单目标优化模型可描述为

$$
\begin{cases}
\text{Min：} f(\boldsymbol{x}) \\
\text{s.t.：} g_k(\boldsymbol{x}) \geqslant 0, \ k = 1, 2, \cdots, a \\
\quad\quad h_l(\boldsymbol{x}) = 0, \ l = 1, 2, \cdots, b
\end{cases}
\tag{8.4}
$$

式中：$\boldsymbol{x} = [x_1, x_2, \cdots, x_n]$——$n$ 维设计变量，每个变量 x_i 在其最大值 $x_i^{\max}$ 与最小值 $x_i^{\min}$ 范围内变化，满足 a 个不等式约束和 b 个等式约束。

　　而产品型谱优化时，设计问题模型需要包括每个产品的设计变量值，以达到设计目标且满足约束条件。产品型谱优化重构问题的目标函数中还需要包含一个通用性评价指标，在优化过程中以性能指标最优且产品型谱通用性最大来确定产品平台。这样，产品型谱优化的难题在于解决产品型谱通用性与单个产品性能的平衡，企业总是希望获得尽可能大的通用性而又不削弱产品间的个性特征。因此，设 x_c 为平台常量集合，x_v 为可调节变量集合，建立多平台产品型谱通用性与性能的优化重构模型为

$$
\begin{cases}
\text{Min：} C_N(x_c, x_v), \ \displaystyle\sum_{i=1}^{p} f_i(x_c, x_v)/p \\
\text{s.t.：} g_k(x_c, x_v) \geqslant 0, \ k = 1, 2, \cdots, pa \\
\quad\quad h_l(x_c, x_v) = 0, \ l = 1, 2, \cdots, pb
\end{cases}
\tag{8.5}
$$

式中：p——实例产品的个数。

　　以平台非通用性指数 C_N 和实例产品平均性能为优化目标。由于产品型谱设计中要满足每个实例产品的约束条件，因此约束条件的数量比单个产品扩大了 p 倍，增加了产品型谱优化设计的计算复杂度。

8.2　产品型谱模糊聚类平台规划

8.2.1　设计变量敏感度分析

　　敏感度分析（sensitivity analysis）就是计算设计变量变化对产品总体性能的影响程度，进而划分可能的平台常量和可调节变量集合，这是下一步通过模糊聚类设置多平台常量共享策略的初始步骤。

　　参数化产品型谱包括一系列性能指标差异的实例产品，变量对于单个产品综合性能的敏感度叫作局部敏感度（local sensitivity）；产品型谱中该变量各局部敏感度的加权平均，叫作全局敏感度（global sensitivity）。全局敏感度较小的变量，在各实例产品间通用所带来的性能损失较小，而全局敏感度大的变量

则相反。敏感度分析的目标是求解各变量的全局敏感度，作为平台常量和可调节变量集合划分的依据。

通常，一阶偏导是敏感度分析的一种可行方法，但不适用于非线性优化模型。基于产品独立优化设计结果，使用微分敏感度分析法，设某产品的独立优化在 $x^* = \{x_1^*, x_2^*, \cdots, x_k^*\}$ 处获得最优的偏好聚合目标值 f^*，其中 k 为设计变量的数目，则变量 x_1 的局部敏感度为

$$\mathrm{SL}_{x_1} = \frac{(f^* - f_{1+}^*) + (f^* - f_{1-}^*)}{2\Delta x_1} \tag{8.6}$$

式中：Δx_1——变量 x_1 的微小变化，即 $\Delta x_1 = |\beta x_1^*|$，其中 $0 < \beta < \varepsilon$，ε 为一较小的正数，$0 < \varepsilon \leqslant 0.1$；

f_{1+}^* 和 f_{1-}^*——$x_1^* + \Delta x_1$ 和 $x_1^* - \Delta x_1$ 处的偏好聚合值。

由于偏好聚合函数是求最大值，因此 f_{1+}^* 和 f_{1-}^* 都小于 f^*，$\mathrm{SL}_{x_1} > 0$。

敏感度分析完成之后，需指定阈值 λ，将敏感度小于 λ 的变量作为可能的平台常量，进而分析多平台常量的共享策略，其余作为可调节变量。所依据的原理是低敏感度的变量通用所引起的产品性能损失相对较小，且能够提高平台通用性以降低产品成本；而高敏感度的可调节变量用于实现系列产品的性能差异，满足多样化的客户需求。但是，划分阈值 λ 的指定存在主观因素，需从产品型谱整体性能角度决定最优的集合划分。

8.2.2　平台常量的模糊聚类

参数化产品型谱分为单平台与多平台两种设计情况。对于单平台（single platform）产品型谱设计来说，每个平台常量或通用部件在整族产品中具有唯一公共值，而对于多平台（multiple platform）产品型谱设计来说，允许某些产品在特定的设计变量上取公共值，其他产品则可不受限制而取个性化的变量值。多平台产品型谱比单平台产品型谱具有更好的设计灵活性与柔性，但也增加了产品型谱设计的复杂度。本节对于敏感度分析划分出的平台常量集合，使用模糊聚类规划平台常量在各实例产品间的最优多值共享方案，在提高平台通用性的同时增加了产品型谱设计的柔性。

对于每一个实例产品，建立其性能偏好函数、方差偏好函数和约束满足偏好函数，对平台常量通用所带来的性能、方差和约束满足偏好变化进行模糊 C 均值聚类，寻求平台常量的最优共享策略，以最小的设计损失获得最高的平台通用性。其中，性能偏好函数既可包括效率、功能等功能指标，也可包括重量、尺寸等成本指标；方差偏好函数是性能指标方差的偏好聚合，方差函数通过

性能函数的一阶泰勒展开获得；约束满足偏好函数包括等式约束和不等式约束的满足情况，等式约束可用三角模糊数衡量，而不等式约束可用 0-1 函数衡量。

模糊 C 均值聚类（FCM）方法，要求每个个体对每个聚类的隶属度之和为 1，并通过迭代划分使聚类损失函数趋于最小，能够快速获得指定数目的聚类中心，具有较高的聚类效率。FCM 能够处理多维聚类问题，不同于层次聚类（HC）仅能处理单维聚类的限制。设平台常量 x 在各实例产品中独立优化的结果为 $(x_1^*, x_2^*, \cdots, x_n^*)^{\mathrm{T}}$，以 x 的均值取代各产品的独立优化值，获得性能、方差和约束满足指标的 $n \times 3$ 矩阵 Y_x（n 为实例产品数目）；而独立优化设计中各产品形成的偏好矩阵为 Y_o，则由变量 x 通用所带来的性能、方差和约束满足度变化可记为 $Y = Y_o - Y_x$。对矩阵 Y 的 n 个行向量在 3 维空间中进行模糊 C 均值聚类，得到各元素对于每个聚类中心的模糊隶属度，其运算步骤描述如下。

步骤 1：指定聚类数目 c、隶属参数 m 和误差限 ε，迭代次数 $t = 1$，通常 $m = 2$。

步骤 2：随机生成初始聚类划分 $U_{c \times n}$，满足模糊隶属度矩阵的取值要求。

步骤 3：计算模糊聚类的 c 中心值，

$$w_i^{(t)} = \frac{\sum_{j=1}^{n} (\mu_{ij})^m x_j}{\sum_{j=1}^{n} (\mu_{ij})^m}, \quad i = 1, 2, \cdots, c \tag{8.7}$$

式中：μ_{ij}——第 j 个元素属于第 i 个聚类的程度，$\sum_{i=1}^{c} \mu_{ij} = 1$；

　　　x_j——第 j 个聚类元素的值；

　　　w_i——第 i 个聚类中心的值。

步骤 4：以如下两式更新隶属度矩阵：

$$\mu_{ij}^{(t)} = \frac{1}{\sum_{l=1}^{c} \left(\frac{d_{ij}}{d_{lj}}\right)^{\frac{2}{m-1}}}, \quad i = 1, 2, \cdots, c; j = 1, 2, \cdots, n \tag{8.8}$$

$$\text{If } d_{ij} = 0 \text{ then } \mu_{ij} = 1 \text{ and } \mu_{lj} = 0 \text{ for } l \neq i \tag{8.9}$$

式中：$d_{ij} = \|x_j - w_i\|$——第 j 个元素与第 i 个聚类中心的欧氏距离。

步骤 5：若 $|\max U(t) - \max U(t-1)| < \varepsilon$（$\varepsilon$ 为很小的正数），则算法结束；否则，令 $t = t + 1$，转步骤 3 继续。

在 FCM 算法中，由于在运算前必须指定聚类数目 c，因此，使用模糊覆盖

指数（fuzzy percentage index，FPI）决定最优聚类数目的设置。FPI 的定义
如下：

$$\text{FPI} = 1 - \frac{c}{c-1}\left[1 - \frac{\sum\limits_{i=1}^{c}\sum\limits_{j=1}^{n}(\mu_{ij})^2}{n} \right] \qquad (8.10)$$

通常，$2 \leqslant c \leqslant n-1, 0 < \text{FPI} < 1$。FPI 衡量各模糊聚类相互覆盖的程度，
FPI 值越小，说明聚类划分相互覆盖越小，聚类越精确。FPI 取最小值时，获得
最优的模糊聚类数目 c。

某平台常量的 FCM 聚类划分如图 8.3 所示，坐标轴 X、Y、Z 分别表示该
变量通用所引起的性能、方差和约束满足偏好函数变化。10 个元素经聚类划
分为 3 个集合，并获得最小的 FPI 值，得到了该变量在各实例产品中的最优共
享划分。

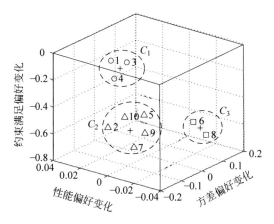

图 8.3　平台常量的 FCM 聚类示意图

8.2.3　实例产品重构与平台性能检验

平台设定后，所有变量分为平台常量和可调节变量两类。平台常量的值
已在前面设定，下面的任务是确定每个产品可调节变量的个性值，从而基于平
台完成实例产品的设计。同样应用第一步中偏好函数与优化算法，以平台常
量的公共值作为优化模型的输入，求解可调节变量的最佳取值。产品型谱中
每个产品的最优设计方案的求解模型如下。

对于产品变量 $i = 1, 2, \cdots, n$ 及确定的平台常量 $A^c(x_i) = \{\alpha_1^c(x_i),$
$\alpha_2^c(x_i), \cdots, \alpha_{\text{mc}}^c(x_i)\}$；

求解：$A^v(x_i) = \{\alpha_1^v(x_i), \alpha_2^v(x_i), \cdots, \alpha_{n-\text{mc}}^v(x_i)\}$；

目标：$\max\{P_s(\alpha_1,\alpha_2,s,\omega_1,\omega_2)\}$；

约束：

$$\begin{cases} g[A^c(x_i),A^v(x_i)] \leqslant 0, \ h[A^c(x_i),A^v(x_i)] = 0 \\ A^v(x_i)^l \leqslant A^v(x_i) \leqslant A^v(x_i)^u \end{cases} \tag{8.11}$$

式中：A^c——平台常量集；

　　　A^v——可调节变量集；

　　　mc——平台常量的数量。

产品型谱性能检验步骤用于分析重构方法所获得产品型谱的合理性与有效性。综合衡量产品平台的非通用性指数 C_N 和由平台通用所造成的性能损失（相对于独立优化设计），若重构方案的性能损失过大，则返回敏感度分析步骤进行新的平台常量和可调节变量集合的划分。

值得一提的是，参数化产品型谱稳健重构方法也属于分阶段的产品型谱优化设计方法，即先设定多值产品平台，然后求解每个实例产品，最终得到整个产品型谱的设计方案。本章讨论的方法可以实现产品平台的多值共享，提高了产品型谱设计的柔性，同时，该方法考虑了平台共享的稳健特征，能够以自底向上的方式支持参数化产品型谱的重构过程。

8.3　混合协同进化的产品型谱性能权衡重构

针对通用性与设计变量染色体同步进化带来的数据扰动和罚函数约束处理法中罚系数取值的不稳定问题，根据产品型谱数学模型中 C_N 指数与产品性能目标计算相互独立的特点，提出混合协同进化的产品型谱优化重构方法。将通用性与设计变量染色体的进化分别放入主、副两个相关过程。主过程基于多目标进化算法求解平台通用性与产品性能的 Pareto 前沿；副过程基于单目标进化算法并行搜索每个通用性等级下产品型谱的最优规划方案。

8.3.1　非支配排序遗传算法概述

Srinivas 和 Deb 在 1995 年提出了非支配排序遗传算法（nondominated sorting genetic algorithm，NSGA），NSGA 算法对多目标解群体进行逐层分类，每代种群配对之前先按解个体的支配关系进行排序，并引入基于决策向量空间的共享函数法。NSGA 在群体中采用共享机制来保持进化的多样性，共享机制采用一种可认为是退化的适应度值，其计算方式是将该个体的原始适应度值除以该个体周围包围的其他个体数目。NSGA 算法的优化目标数目不限，且允许存在多个不同的 Pareto 最优解；但该算法的主要缺点是计算效率较低，计算复杂度为 $O(MN^3)$（其中，M 为优化目标数量，N 为种群大小），且算法收敛性对共享参数 δ 的取值较敏感，算法的稳定性较差。

Deb 等在 2002 年对原始的 NSGA 进行改进，提出了改进型非支配排序遗传算法（nondominated sorting genetic algorithm II，NSGA-II），基于快速非支配排序、优势点保持和无外部参数的拥挤距离计算求解多目标优化问题的 Pareto 最优集。密度估计算子用于估计某个个体周围所处的群体密度，方法是计算两个解点之间的距离远近程度。拥挤距离比较算子是为了形成均匀分布的 Pareto 前端，这与原始 NSGA 中共享机制的效果类似，但不再采用小生境参数，提高了算法的鲁棒性。拥挤比较算子需要计算每个个体的非劣级别和拥挤距离值，产生非支配排序结果。拥挤距离排序结果表明，如果两个个体具有不同的非劣级别，则选择级别低的个体；如果两个个体具有相同的非劣级别，则选择具有较大矩形体的个体，因为该个体的邻居距其较远，引导个体向 Pareto 前沿中分散区域进化，增强算法的全局寻优能力。NSGA-II 算法的计算复杂度为 $O(MN^2)$（同样，M 为优化目标数量，N 为种群大小），具有比 NSGA 更高的运算效率与稳定性，已成功应用于许多工程优化设计问题。

NSGA-II 算法的流程简述如下：初始种群 P 包括 N 个个体，在变量范围内随机取值。首先依据优化目标与约束条件进行种群排序并计算拥挤距离，然后通过联赛选择、交叉与变异生成中间种群。中间种群与原始种群结合，进行排序计算并选择 N 个个体组成新一代种群，完成一次进化运算。当循环达到预先设定的最大代数时，运算停止并得到该多目标优化问题的 Pareto 最优集。

8.3.2　产品型谱性能混合协同优化重构原理

NSGA-II 算法基于快速非支配排序、优势点保持和无外部参数的拥挤距离计算求解多目标问题的 Pareto 最优集，是一种可靠的多目标进化算法。此外，Kennedy 等提出的 PSO 算法是一种群体智能算法，来源于对鸟群或鱼群觅食行为的模拟，具有高速收敛和易于实现的特点，适合于求解单目标连续变量的优化设计问题，且能够加入有效的多约束处理机制。因此，混合协同进化算法的主过程使用 NSGA-II 算法，副过程使用 PSO 算法。

混合协同进化的产品型谱重构原理如图 8.4 所示。进化过程中存在两类种群，分别是通用性种群和设计变量种群。通用性种群 $\mathrm{Pop_1}$ 包含 M 个个体，每个个体表示不同的平台通用性,记为 C_1,C_2,$\cdots$,C_M。用 NSGA-II 对 Pop_1 进行运算,以相互冲突的 C_N 指数和产品性能为优化目标,求得多个通用性等级下产品型谱设计的 Pareto 前沿;设计变量种群包括 M 个并列的粒子群,记为 Swarm_1,Swarm_2,$\cdots$,Swarm_M。每个粒子群 Swarm_i 包括 N 个粒子,对应设计变量染色体。用 PSO 算法并行搜索通用性等级 C_i 下,各实例产品满足约束条件的最优设计变量值。

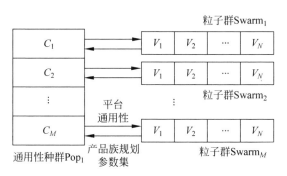

图 8.4　混合协同进化原理示意图

在协同进化过程中,NSGA-II 首先进行一代通用性染色体的象限交叉、列向量变异运算,生成新的通用性种群。然后,多个粒子群并行进化,其中每个粒子群进行 G_2 代飞行,返回对应通用性等级下最优的设计变量、性能参数和总约束冲突。若约束冲突量不为 0,说明变量在各实例产品中的该共享方案不合理,NSGA-II 继续下一代进化。混合协同进化连续运行,直到满足停止条件,如 NSGA-II 达到指定的最大迭代次数 G_1。

8.3.3　设计变量种群的进化

用 PSO 算法求解已知通用性等级下产品型谱的优化重构问题,需满足各实例产品的多个约束条件。使用"可行解优先"的多约束处理方法,对于所有的设计约束,每个解要么是可行的,要么是不可行的。对于两个不同解存在 3 种情况:都可行;都不可行;一个可行,另一个不可行。定义解 i 优于解 j,当且仅当以下条件中的任意一个满足:

（1）解 i 可行而解 j 不可行;

（2）解 i 与解 j 都不可行,但解 i 的约束违反量较小;

（3）解 i 与解 j 均可行且解 i 优于解 j。

将该约束处理原则用于粒子群局部最优值和全局最优值的更新,PSO 算法可将粒子群由初始的不可行区域逐步趋向可行区域,最终将搜索范围限制在可行区域之内,无须额外运算即可对大量设计约束进行有效处理。

单个粒子群中,PSO 算法在已知通用性等级下求解产品型谱规划方案的运算流程描述如下。

步骤 1：在变量范围 $[x_i^{min}, x_i^{max}]$ 和速度范围 $[-v_i^{max}, v_i^{max}]$($v_i^{max} = \alpha(x_i^{max} - x_i^{min})$，$\alpha = 0.2$)内随机生成每个粒子的位置和速度。统一粒子的位置与通用性等级,即根据通用性染色体中列向量的变量共享情况,随机将设计变量的一个值赋给另一个值,生成初始粒子群。

步骤 2：计算每个粒子的目标函数和约束冲突。设粒子局部最优位置与粒子初始位置相同,根据目标函数和约束冲突选择一个粒子作为全局最优位置。

步骤 3：以如下公式更新每个粒子的速度和位置：

$$V_{id}^t = wV_{id}^{t-1} + c_1 r_1(P_{id} - X_{id}^{t-1}) + c_2 r_2(P_{gd} - X_{id}^{t-1}) \tag{8.12}$$

$$X_{id}^t = X_{id}^{t-1} + V_{id}^t \tag{8.13}$$

式中：V_{id}^t——单个粒子 t 时刻的速度；

$\quad\quad X_{id}^t$——单个粒子 t 时刻的位置；

$\quad\quad c_1$、c_2——常数,称为学习因子；

$\quad\quad w$——惯性权重；

$\quad\quad r_1$、r_2——两个 $[0,1]$ 区间内相互独立的随机数；

$\quad\quad P_{id}$——单个粒子的局部最优位置；

$\quad\quad P_{gd}$——粒子群全局最优位置。

惯性权重 w 以如下公式随迭代次数线性下降：

$$w = w^{max} - \frac{w^{max} - w^{min}}{Iter^{max}} \cdot Iter \tag{8.14}$$

式中：w^{max}、w^{min}——惯性权重的最大值和最小值；

$\quad\quad Iter^{max}$——最大迭代次数。

若粒子速度越界则等于边界值；若粒子位置越界则等于边界值,且速度方向变反。统一粒子的位置与通用性等级。

步骤 4：计算每个粒子的目标函数与约束冲突量。

步骤 5：根据"可行解优先"原则,更新每个粒子的局部最优位置和粒子群全局最优位置。

步骤 6：如果达到指定的迭代次数 G_2,则将全局最优位置的变量值、目标函数和约束冲突返回通用性染色体；否则,迭代次数加 1,返回步骤 3 继续运行。

在主过程通用性染色体生成多个平台通用性等级之后,寻找每个通用性等级下各实例产品的设计参数成为副过程的求解任务。在混合协同进化的产品型谱重构设计中,各设计变量种群 Swarm$_1$,Swarm$_2$,$\cdots$,Swarm$_M$ 的进化相互独立,因此,可采用多线程并行机制加快多个通用性方案的设计寻优过程。

设计变量种群的并行进化过程如图 8.5 所示。对每个设计变量种群,用 CreatThread 函数生成一个 PSO 进化线程,各线程通过消息通信接口(message passing interface,MPI)与通用性染色体传递信息。运算前 MPI 将通用性控制矩阵 $C_{i,p\times n}$ 传入 PSO 线程;PSO 线程以产品平均性能为优化目标,在通用性矩阵、系列产品的设计变量取值范围和设计约束条件的控制之下,实行进化运算;进化完成后 MPI 将设计变量、性能参数和约束冲突量返回通用性染色体,作为该通用性等级下产品型谱的最优规划方案。多个 PSO 线程的结果相组合,得到各通用性等级下产品型谱的最优设计方案。

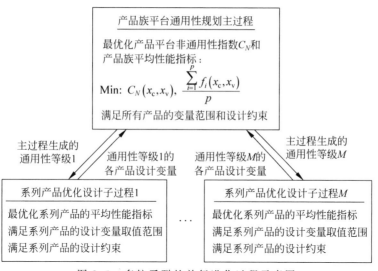

图 8.5　多粒子群的并行进化过程示意图

多线程并行进化机制的优点是,运算时间不会随通用性种群规模的扩大而显著增大,仅与 PSO 算法中使用的种群规模 N 和迭代次数 G_2 有关,相比多粒子群串行进化大幅提高了运算速度,缩短了运算时间。

8.3.4　产品型谱性能混合协同优化重构算法

基于混合协同进化原理,建立 NSGA-II 与 PSO 协同进化的产品型谱优化重构流程如图 8.6 所示,其运算步骤描述如下。

步骤 1:根据多平台产品型谱的染色体表达方法,随机生成个体数为 M 的

种群 Pop_1 ，初始化通用性种群。

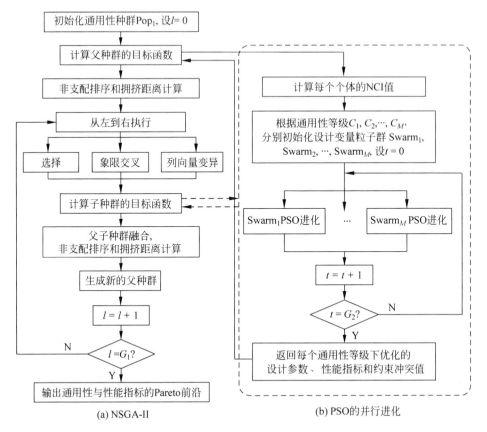

图 8.6　产品型谱优化重构的混合协同进化流程

步骤 2：计算父种群中个体的目标函数。首先，根据式（8.3）计算每个个体的非通用性指标 C_N ；然后，根据 PSO 的并行进化机制，求得每个通用性等级下产品型谱的最优规划方案，包括各实例产品的设计变量值、性能目标值和总约束冲突量。

步骤 3：对种群 Pop_1 进行非支配排序，计算每个个体的拥挤距离。

步骤 4：根据个体支配关系和拥挤距离，进行通用性种群的选择、象限交叉和列向量变异，生成包含 M 个个体的子种群。

步骤 5：采用与步骤 2 相同的方法，计算子种群中个体的目标函数。

步骤 6：父子种群融合，生成包含 $2M$ 个个体的临时种群。对临时种群进行非支配排序和拥挤距离计算，选择优势个体生成包含 M 个个体的新父种群。

第 9 章

智能设计在重大装备产品中的应用案例

9.1 复杂锻压装备性能增强设计及工程应用

9.1.1 复杂锻压装备性能增强设计系统的应用背景

当前随着市场竞争的日益激烈,锻压装备制造企业越来越重视其创新能力与产品的市场竞争力。对企业设计部门的设计流程进行分析可知,它们多以仿制方式的反求设计为主,且设计流程杂糅冗余,并不利于其创新发展,具体表现为:①锻压装备生产企业的研发模式为小批量定制方式,然而这种设计流程的创新能力较弱,对以往的设计知识缺乏有效利用;②性能是产品保持核心竞争力的关键,而目前企业设计部门对如何提高产品的性能还缺乏系统性的方法;③在大数据时代,产品的数据是宝贵的财富,设计知识可以为新产品开发提供技术支持,产品运行数据可以揭示产品的缺陷,维修数据可以表征产品故障的原因,因此有效的数据管理与维护值得企业给予足够的重视。

9.1.2 复杂锻压装备行为性能均衡规划

行为性能均衡模块用于面向多种性能指标均衡的产品行为解耦规划,形成可配置的行为单元用于后续产品结构设计,是提高产品柔性与实现设计自动化的关键技术之一。该模块主要实现以下三个功能。

(1) 产品零件行为特性维护。

产品零件行为特性是解耦规划分析的数据基础,为产品零部件之间的耦合关系处理提供依据。在产品设计早期,需要由设计专家通过系统对锻压装备的各个零部件数据进行维护与定义,为后续设计提供数据来源。

(2) 零件关联特性处理。

零件关联特性处理主要通过对前面获取的特性数据进行分析,对模糊数据进行去模糊化等操作，得到较为准确的零件关联特性信息用于产品解耦规划。

（3）产品单元模块管理。

产品单元模块管理对解耦规划生成的模块单元进行储存、预览和重用等操作，作为标准件用于锻压装备的结构设计过程中。产品单元模块信息是锻压装备柔性生成的依据，有效地保存与重用单元信息可以提高企业的生产效率。

9.1.3　复杂锻压装备结构性能合理适配

结构性能适配模块多应用于方案结构设计阶段，其用于在约束环境下实现功能与结构的映射以及结构适配，生成结构性能较优的方案供设计者选择。功构映射是计算机辅助概念设计中极为重要的一项关键技术，其利用计算机的优点帮助设计者搜索庞大的设计空间，从而提高设计效率。该模块主要的功能为：①约束规则管理；②功能-结构映射；③设计方案生成。

1. 约束规则管理

锻压装备设计约束规则管理是依据目标性能辨识环节对产品功能设计中所需要定义的各类约束条件的重要度分析结果，可以对约束规则进行形式化表达便于计算机存储，通常采用产生式规则、变量属性定义、约束公式编辑等方式实现。在锻压装备设计约束规则输入与生成界面，设计者可以对设计约束进行保存；图 9.1 所示为设计约束属性定义界面，便于设计者设计约束的传递与分析。

2. 功能-结构映射

功能-结构映射通过对功能与结构属性特征的相似度进行分析从而获得与功能相匹配的结构实例。图 9.2 所示为功能-结构属性定义界面，用于对产品功能-结构属性特征进行维护，保证数据的准确性；在功能-结构映射结果输出界面，可以生成 CAD 模型进行二维图纸呈现。

3. 设计方案生成

设计方案生成主要是通过对功构映射得到的物理结构实例进行组合优化获得的，其依据为生成具有较优结构性能的设计方案。图 9.3 所示为多目标优化算法代码计算界面，通过对优化算法进行封装，只需要选择合理的目标函数就可以对实际问题进行优化计算；图 9.4 所示为设计方案优化结果输出界面，可以根据最优的 Pareto 解反向获取性能较优的设计方案。

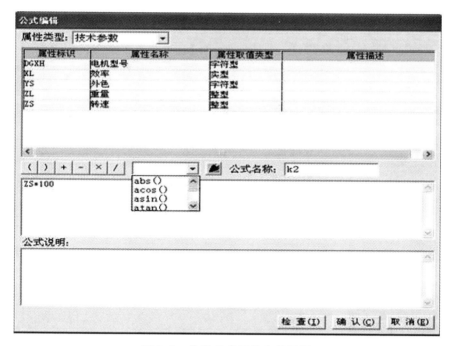

图 9.1 设计约束属性定义界面

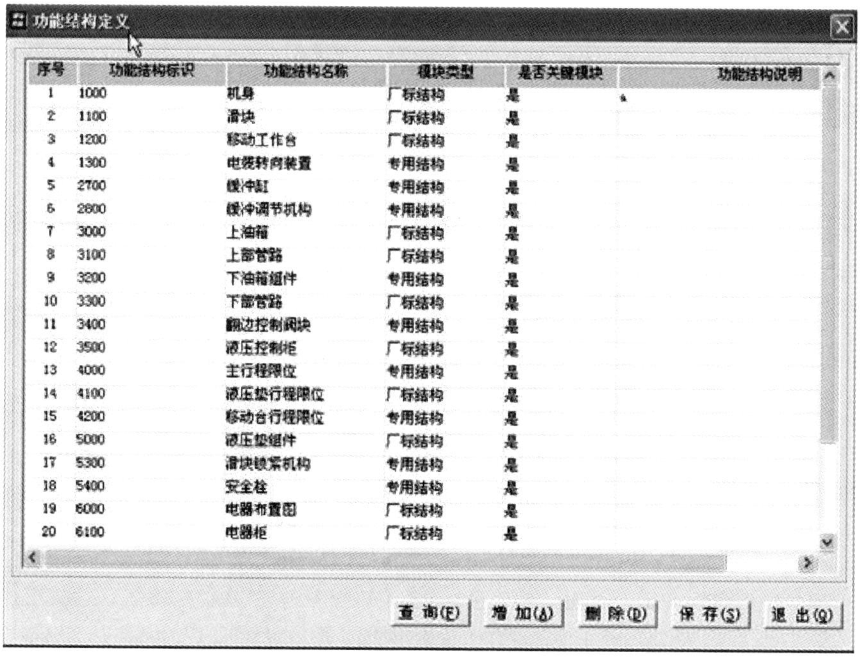

图 9.2 功能-结构属性定义界面

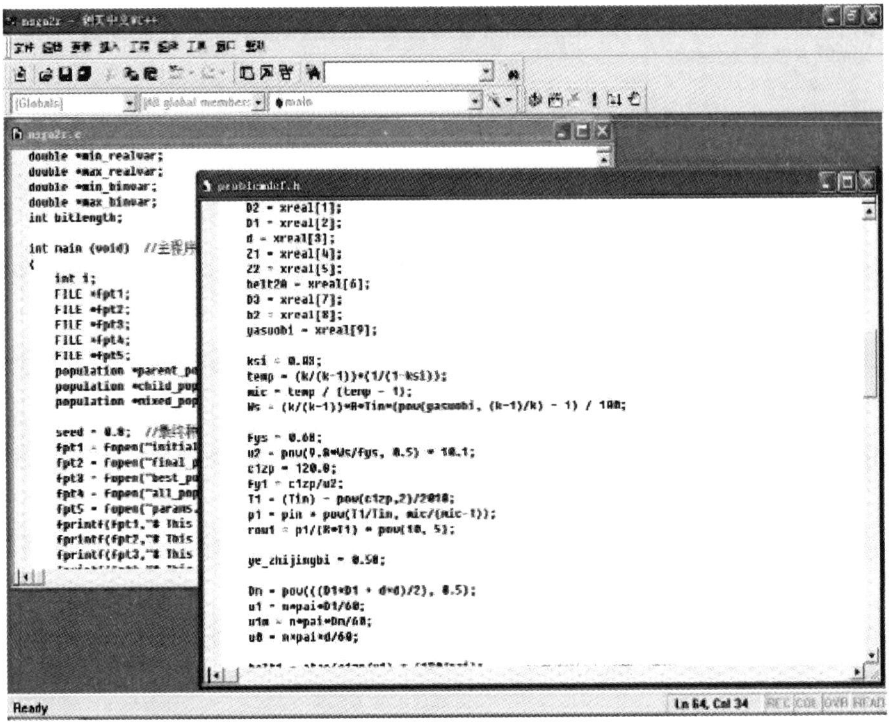

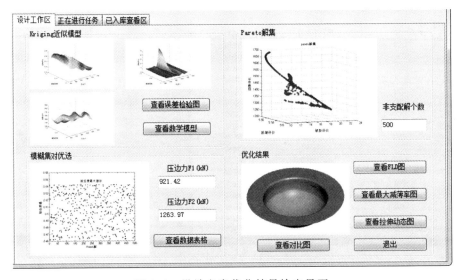

图 9.3　多目标优化代码计算界面

图 9.4　设计方案优化结果输出界面

9.1.4　复杂锻压装备预测性能可信评估

预测性能校核模块创新性地对已有数据进行综合利用,对产品设计早期的设计方案的关键性能进行分析,可以有效地规避不满足性能要求的设计结果。该模块主要提供性能参数管理与性能参数分析两个功能。

1. 性能参数管理

预测性能评估对数据的精确性具有一定的要求,这样才能保证模型的准确性。在性能参数分析界面,通过对存储的性能参数样本进行校核,去除异常点,可以提高样本的准确性;图 9.5 所示为某型号锻压装备工艺性能的参数管理界面,通过对此类数据有效的分类集成,提高了样本数据的可读性与友好性。

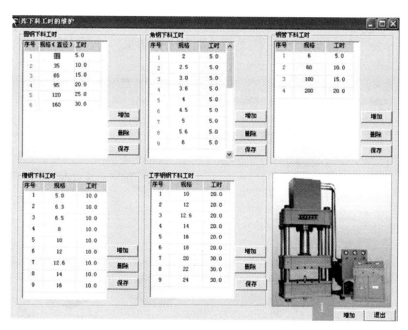

图 9.5　性能参数管理界面

2. 性能参数分析

性能参数分析主要通过对已有性能数据建模从而对关注的性能参数进行综合预测,得到在特定工作条件下性能参数的估计值。图 9.6 所示为性能计算公式维护界面,用于对显式的公式进行输入、修改、查错以及维护等操作;图 9.7 所示为性能参数分析预测界面,用于对特定产品的性能参数进行分析,由于产品的特殊性,该界面的开发具有一定的定制性与针对性。

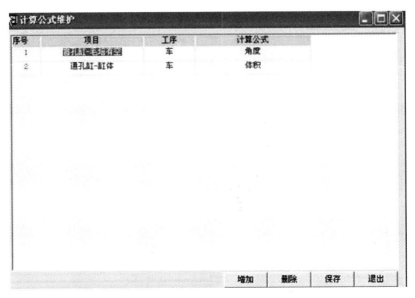

图 9.6　性能计算公式维护界面

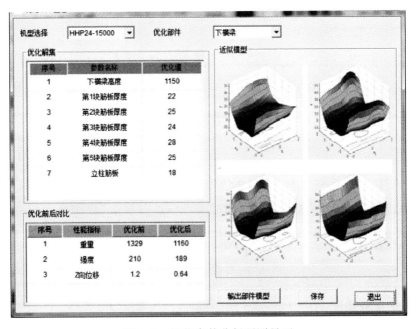

图 9.7　性能参数分析预测界面

9.1.5　应用效果分析

将系统集成平台应用于合肥锻压公司的 15000 吨 HHP24-12000/15000

型双动充液拉深液压机产品设计早期性能设计中,对关键部件进行期望性能辨识、行为性能均衡、结构性能适配以及预测性能评估,以提高液压机整机在设计过程中的性能。

与传统的性能设计方法相比,本书方法从设计初期就以性能作为目标展开,从期望性能的精确获取、行为性能的最优均衡、结构性能的全局满足到预测性能的可信评估,以性能的演化过程为基础,能够在产品设计早期减少由于设计人员认知性不足带来的模糊不确定的影响,提高设计效率与设计质量,并有利于计算机辅助概念设计的实现。

9.2　宝石加工专用装备机构智能设计及工程应用

9.2.1　宝石加工专用装备机构智能设计的应用背景

随着人们生活水平的不断提高,其审美要求也向着更高层次发展,天然宝石已远远不能满足要求。人工合成技术给人们带来了新的惊喜,人造宝石的廉价、可大批量生产以及相当好的仿真效果,使其成为天然宝石的有力补充,大大满足了爱美人士的追求。但随之而来的巨大加工量,给宝石加工技术带来了挑战。传统的单颗宝石人工磨削的方法不适用于加工人造宝石,因为人工的磨削方法生产效率低、成本高,更重要的是,人造宝石加工采用石英砂和铅作为生产原料,在配料、磨钻、分筛、圆磨等工序中产生大量粉尘,可能导致工人患上硅尘着病(俗称矽肺病)和造成环境污染。针对以上问题,研发了一种取代人工磨削方法的复杂宝石加工专用装备。首先,该专用装备能实现完全自动化生产,工人只需在机器防护罩之外操作控制面板,不会对身体健康产生威胁;其次,该专用装备采用大批量和集成化的加工模式,大大提高了生产效率。

9.2.2　机械手染色体建模的设计过程

复杂宝石加工专用装备模仿人工加工宝石,它拥有两只对称的机械手,通过机械手实现宝石抓取、宝石加热、宝石磨抛、换手等主要操作,每只机械手可一次加工 40～110 颗宝石,两只机械手分别同时工作,效率很高。机械手为完成复杂的加工任务需要具备 5 个自由度(3 个移动自由度和 2 个转动自由度)。

根据设计需求定义机械手功能基因团和约束基因,分别如表 9.1 和表 9.2 所示;根据功能基因团和约束基因建立机械手染色体模型,如图 9.8 所示;根据机械手染色体模型构建机械手装配系统,如图 9.9 所示。检验结果符合设计需求。

表 9.1　复杂宝石加工专用装备机械手功能基因团序号与名称对应表

X（移动）		Y（移动）		Z（移动）		U（转动）		V（转动）	
序号	功能基因团	序号	功能基因团	序号	功能基因团	序号	功能基因团	序号	功能基因团
1	电机	13	电机	24	电机	35	电机	42	电机
2	电机法兰	14	电机法兰	25	电机法兰	36	电机法兰	43	电机法兰
3	联轴器	15	联轴器	26	联轴器	37	联轴器	44	联轴器
4	螺杆轴承座	16	螺杆轴承座	27	螺杆轴承座	38	转轴	45	蜗杆
5	轴承	17	轴承	28	轴承	39	轴承	46	轴承
6	滚珠螺杆	18	滚珠螺杆	29	滚珠螺杆	40	夹具座	47	夹具
7	螺杆螺母	19	螺杆螺母	30	螺杆螺母	41	夹具套		
8	螺杆法兰	20	螺杆法兰	31	螺杆法兰				
9	滑轨	21	滑轨	32	滑轨				
10	滑座	22	滑座	33	滑座				
11	滑台	23	滑台	34	滑台				
12	工作台								

表 9.2　复杂宝石加工专用装备机械手约束基因序号与名称对应表

序号	约束基因	序号	约束基因	序号	约束基因
1	轴-联轴器配合	20	内六角圆柱头螺钉连接	39	内六角圆柱头螺钉连接
2	内六角圆柱头螺钉连接	21	内六角圆柱头螺钉连接	40	内六角圆柱头螺钉连接
3	轴-联轴器配合	22	滑轨-滑座配合	41	内六角圆柱头螺钉连接
4	轴承-轴配合	23	内六角圆柱头螺钉连接	42	轴-联轴器配合
5	轴承-轴承座配合	24	内六角圆柱头螺钉连接	43	轴-联轴器配合
6	滚珠螺杆-螺母传动	25	内六角圆柱头螺钉连接	44	轴承-轴承座配合
7	内六角圆柱头螺钉连接	26	内六角圆柱头螺钉连接	45	内六角圆柱头螺钉连接
8	内六角圆柱头螺钉连接	27	轴-联轴器配合	46	轴承-轴配合
9	滑轨-滑座配合	28	内六角圆柱头螺钉连接	47	A 型普通平键连接
10	内六角圆柱头螺钉连接	29	轴-联轴器配合	48	轴承-轴承座配合
11	内六角圆柱头螺钉连接	30	轴承-轴配合	49	普通圆柱蜗杆传动
12	内六角圆柱头螺钉连接	31	轴承-轴承座配合	50	轴承-轴配合
13	内六角圆柱头螺钉连接	32	滚珠螺杆-螺母传动	51	内六角圆柱头螺钉连接
14	轴-联轴器配合	33	内六角圆柱头螺钉连接	52	内六角圆柱头螺钉连接
15	内六角圆柱头螺钉连接	34	内六角圆柱头螺钉连接	53	轴-联轴器配合
16	轴-联轴器配合	35	滑轨-滑座配合	54	轴-联轴器配合
17	轴承-轴配合	36	内六角圆柱头螺钉连接	55	轴-孔间隙配合
18	轴承-轴承座配合	37	内六角圆柱头螺钉连接		
19	滚珠螺杆-螺母传动	38	内六角圆柱头螺钉连接		

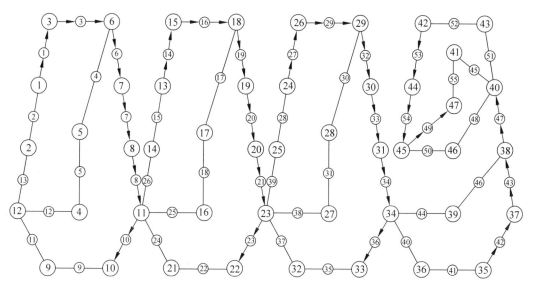

图 9.8　复杂宝石加工专用装备机械手染色体模型

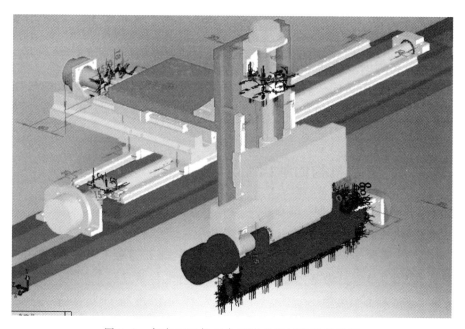

图 9.9　复杂宝石加工专用装备机械手装配系统

9.2.3　进料机构的基因表达

对原机构中各个子机构进行基因表达。为了表达方便,在构件遗传特征中,0、1、2 分别表示连杆、棘轮、棘爪;在运动副遗传特征中,0 和 1 分别表示平面 5 级低副和平面 4 级高副。

（1）对平面六杆机构进行基因表达。机构中构件变异特征集合可表示为 $F_{CVH1}=\{0,1,2,3,4,5,6,\infty\}$，运动副变异特征集合 $F_{CVH1}=\{0,1\}$，其中 0 表示转动副，1 表示移动副，则 $\boldsymbol{M}_O$ 中平面六杆机构 $\boldsymbol{M}_{O1}$ 的基因表达为 $\boldsymbol{M}_{O1}=(\boldsymbol{C}_{M_{O1}},\boldsymbol{K}_{M_{O1}},\boldsymbol{L}_{O1})$。

（2）对平面四杆机构进行基因表达。以与齿轮联结的两个平面 5 级低副之间的长度尺寸特征作为平面四杆机构齿轮的变异特征，连杆的长度尺寸特征为连杆的变异特征，因此该机构中构件变异特征集合可表示为 $F_{CVH2}=\{0,1,2,3,4,\infty\}$，运动副变异特征集合 $F_{CVH2}=\{0,1\}$。其中 0 表示转动副，1 表示移动副，则 $\boldsymbol{M}_O$ 中平面四杆机构 $\boldsymbol{M}_{O2}$ 的基因表达为 $\boldsymbol{M}_{O2}=(\boldsymbol{C}_{M_{O2}},\boldsymbol{K}_{M_{O2}},\boldsymbol{L}_{O2})$。

（3）对棘轮机构进行基因表达。以棘轮和棘爪作用面的形状特征作为变异特征，则该棘轮机构构件的变异特征集合可表示为 $F_{CVH3}=\{0,1\}$，其中 0 表示齿状，1 表示弧状。运动副的变异特征集合为 $F_{CVH3}=\{0,1,2\}$，其中 0 表示转动副，1 表示移动副，2 表示平面高副。则 $\boldsymbol{M}_O$ 中棘轮机构 $\boldsymbol{M}_{O3}$ 的基因表达为 $\boldsymbol{M}_{O3}=(\boldsymbol{C}_{M_{O3}},\boldsymbol{K}_{M_{O3}},\boldsymbol{L}_{O3})$。

利用各基因表达式建立 $\boldsymbol{M}_O$ 的遗传学特征模型如图 9.10(a)所示。其中，连在一起的构件表示同一构件，如标号 1 的三个构件连在一起表示机架，C_L、C_R 和 C_P 分别表示构件的遗传特征为连杆、棘轮和棘爪，K_{P5L} 和 K_{P4H} 分别表示运动副的遗传特征为平面 5 级低副和平面 4 级高副。

9.2.4　进料机构的基因变异

对进料机构原机构 $\boldsymbol{M}_O$ 的遗传学特征模型进行机构基因变异运算。具体运算步骤如下。

第一步（图 9.10 中 step1）：对平面六杆机构进行重组变异 $O()$ 将 $\boldsymbol{L}_{O1}$ 重组为 $\boldsymbol{L}_{V11}$，图 9.10(a)为基因变异过程，图(b)为机构示意图。

第二步（图 9.10 中 Step2）：对平面六杆机构进行自发变异 $O_s(C_1)$、$O_s(C_4)$、$O_s(C_5)$ 和 $O_s(K_5)$，将构件 1 的变异特征由 2 变异为 3，构件 4 的变异特征由 ∞ 变异为 4，构件 5 的变异特征由 0 变异为 2，运动副 5 的变异特征由 1 变异为 0；对平面四杆机构进行自发变异 $O_s(C_4)$，将构件 4 的变异特征由 2 变异为 1；对棘轮机构进行自发变异 $O_s(C_2)$ 和 $O_s(C_3)$，将构件 2 和 3 的变异特征都从 0 变异为 1。经过第一和第二步运算后得到如图 9.10(c)所示的变异机构 $\boldsymbol{M}_{V1}$，其对应机构示意图如图 9.10(d)所示。

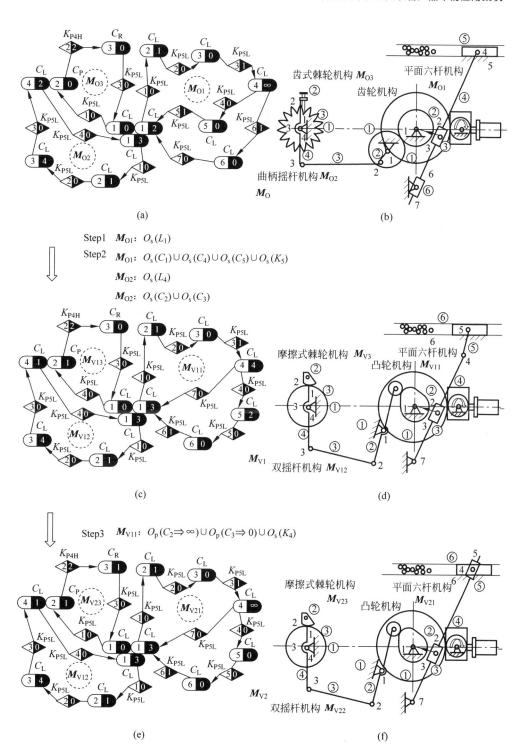

图 9.10　基于遗传学特征模型的复杂宝石加工专用装备
进料机构基因变异过程和相应机构示意图

第三步（图 9.10 中 Step3）：对变异机构 $\boldsymbol{M}_{V1}$ 中平面六杆机构进行极端变异 $O_p(C_4 \Rightarrow \infty)$ 和 $O_p(C_5 \Rightarrow 0)$，将构件 4 的变异特征由 4 极端化为 ∞，将构件 5 的变异特征由 2 极端化为 0；对变异机构 $\boldsymbol{M}_{V1}$ 中平面六杆机构进行自发变异 $O_s(K_4)$，将运动副 4 的变异特征由 0 变异为 1。最后得到如图 9.10(e)所示的变异机构 $\boldsymbol{M}_{V2}$，其对应机构示意图如图 9.10(f)所示。

9.2.5　应用效果分析

对复杂宝石加工专用装备机械手进行染色体建模，说明了机械手染色体建模的设计步骤并对设计结果进行分析比较，体现了染色体建模方法的优越性；采用基于遗传学特征的基因变异方法对复杂宝石加工专用装备进料机构进行基因表达和基因变异运算，获得两种可供选择的进料机构变异方案；最后对复杂宝石加工专用装备进行试运行加工，获得了满意的结果。

9.3　数控机床结构智能布局设计系统及工程应用

9.3.1　数控机床整机结构智能布局系统的应用背景

计算机辅助实现复杂产品方案设计是产品设计的必然趋势。数控机床布局设计中要充分考虑到数控机床设计的各种信息，如尺寸、功能、运动分配、结构位置关系、空间限制等。为了有效描述数控机床布局设计中多个方面的约束信息，采用图论和知识模型，构造了数控机床布局位姿图和多性能融合布局模型。数控机床布局设计系统经过功能分析和运动分配方案配置，得到数控机床的布局方案。利用多体系统低序体阵列描述布局对象拓扑约束及布局序列；引入了位姿图模型，其跨越特征尺寸管理、结构形状构造和三维布局空间的构造等表述了概念设计阶段的三维空间布局问题。

9.3.2　数控机床总体布局模型构建

以数控机床为例说明该方法结构化布局设计应用。所设计数控机床主要用于加工多工位孔系及平面。

1. 数控机床布局元层次关系网构建

数控机床结构布局设计信息描述：通过对已有布局实例的分析，可归纳出数控机床布局功能模块包括床身、立柱、主轴箱、工作台，可选布局结构模块详

细描述见表 9.3,并假设备模块相对尺寸符合设计要求。布局模块表示为

$$D = \{d_n \mid n = 1,2,3,4,5,6,7,8,9\}$$

根据数控机床布局设计公理性分析,可总结如下设计信息。

功能需求表示为

$$F = \{f_r \mid r = 1,2\} = \{工件较轻,工件较重\}$$

运动属性,即运动分配方案表示为

$$M = \{m_s \mid s = 1,2,3,4,5,6\} = \{oxyz,yoxz,xoyz,yozx,xozy,zoxy\}$$

其中,字母 o、x、y、z 的不同组合表示数控机床不同运动分配方案,且 o 代表地,x 代表 X 轴方向移动部件,y 代表 Y 轴方向移动部件,z 代表 Z 轴方向移动部件。

考虑加工工件情况下数控机床布局设计约束描述为

$$C = \{c_t \mid t = 1,2\}$$

$$= \{工件轻、加工工件顶面可用立式,工件较重、加工工件侧面可用卧式\}$$

将数控机床布局模块层次树和模块属性关系网进行合成后,生成数控机床布局原理解布局设计信息关系网,如图 9.11 所示。

表 9.3　可选布局模块

布局元	编号	布局模块	结构描述
床身	d_1		正 T 形
立柱	d_5		侧挂形
主轴箱	d_7		立式形

续表

布 局 元	编号	布 局 模 块	结构描述
工作台	d_9	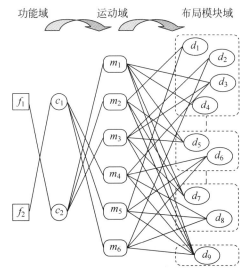	通用形

图 9.11　数控机床布局元层次关系网

2．数控机床布局多色模型描述

多色集合元素，即可供选布局模块 $D = \{d_1, d_2, d_3, d_4, d_5, d_6, d_7, d_8, d_9\}$。多色集合的个人颜色，包括功能属性和运动属性，$F(d) = F \bigcup M = \{f_1, f_2, m_1, m_2, m_3, m_4, m_5, m_6\}$。多色集合的统一颜色，即属性约束 $F(D) = C = \{c_1, c_2\}$。

3．推理过程

多色集合中的个人颜色和统一颜色的推理关系矩阵即围道矩阵应根据领域知识来确定，见表 9.4。

4．最终布局方案

排除存在约束耦合的方案，最终得到 3 种可供选布局方案，见表 9.5。

表 9.4　布局模块配置方案推理关系

功能需求	运动功能	可供选的布局模块及其配置								
		床　身				立柱		主轴箱		工作台
		d_1	d_2	d_3	d_4	d_5	d_6	d_7	d_8	d_9
工件较轻	m_1				1	1	1	1		1
	m_2	1				1	1	1		1
	m_3		1	1		1	1	1		1
工件较重	m_4			1					1	1
	m_5	1							1	1
	m_6		1						1	1

表 9.5　可供选布局方案示意图

方案序号	布　尔　矢　量	布局模块组合	布　局　方　案
1	$(1,0,0,0,1,0,1,0,1)$	d_1,d_5,d_7,d_9	
2	$(0,1,0,0,1,0,1,0,1)$	d_2,d_5,d_7,d_9	
3	$(0,0,1,0,1,0,1,0,1)$	d_3,d_5,d_7,d_9	

9.3.3　数控机床位姿图结构布局设计

以 HMS125 系列数控机床为例进行布局方案设计。该系列数控机床的主要性能参数见表 9.6。表 9.7 所示为其位姿图权重,表 9.8 所示为该系列中 HMS125p 型数控机床布局设计方案。

表 9.6　HMS125p 型数控机床主要性能参数

编号	参数名称	取值(或说明)
1	工作台长 l_1/mm	1250
2	工作台宽 l_2/mm	1250
3	主轴最大转速 n_1/(r/min)	4500
4	主轴锥孔	ISO50
5	X 行程 l_x/mm	2000
6	Y 行程 l_y/mm	1400
7	Z 行程 l_z/mm	1800
8	B 轴行程 b/(°)	$n \times 360$
9	工件类型	模具加工、叶轮等复杂形状的零件
10	工件最大回转直径 d/mm	1600
11	刀库容量 N/把	60
12	刀柄	ISO7:24JT50
13	数控系统	SIMENS840C
14	交换系统	是
15	防护形式	全防护
16	排屑方式	链板

表 9.7　HMS125p 系列数控机床坐标系位姿权重

边	位移 x/mm	位移 y/mm	位移 z/mm	转角 α/(°)	转角 β/(°)	转角 γ/(°)
<0,4>	2000	1800	0	0	0	0
<0,14>	4000	900	600	0	0	0
<0,1>	2000	900	700	0	0	0
<1,2>	0	0	200	0	0	0
<1,3>	0	0	500	0	0	0
<1,15>	600	300	0	0	0	0
<4,5>	0	2500	0	0	0	0
<4,12>	3800	0	0	0	0	0
<5,6>	0	1500	1500	0	0	0
<5,8>	3700	0	0	0	0	0
<8,9>	0	0	0	0	0	0
<8,7>	100	0	0	0	0	0

续表

边	位移 x/mm	位移 y/mm	位移 z/mm	转角 α/(°)	转角 β/(°)	转角 γ/(°)
<12,11>	0	0	0	0	0	0
<12,10>	0	100	0	0	0	0
<14,13>	0	0	0	0	0	0
<14,16>	100	0	0	0	0	0

表 9.8　HMS125p 系列数控机床布局方案

参数名称	取值	参数名称	取值
布局形式	卧式	驱动方式	伺服动电机
切削运动	刀具	传动方式	导轨、滚珠丝杠
轴数	四轴		

以数控机床 HMS125 系列为例进行模块匹配说明,匹配结果与动态生成选中匹配方案布局示意图如图 9.12 所示。

9.3.4　数控机床传动机构与运动方案多性能融合评价

数控机床是制造业重要的工作母机,总体布局设计中运动方案需解决原理方案和机构系统的设计问题,但由于方案设计阶段各方面信息仍未确定,不涉及具体机械结构设计的细节,因此,评价指标的选择包括功能原理、技术、经济、安全可靠等几方面内容。大部分评价依赖数控机床设计专家的知识和经验,从定性角度考虑。评审专家来自企业设计、制造、工艺编制及管理层等不同部门。制造工艺专家认为制造工艺性、结构复杂性指标应赋予较高权重,而企业决策者会认为设计方案的经济性指标应赋予较高权重。评价指标重要度上存在分歧与不确定性;评价指标体系由运动精度、结构动静刚性、结构复杂性、制造工艺性和经济指标构成。运动精度要求较高的产品的结构动静刚度要高,由此产生的加工成本较高。为了尽量使这种专家组定性评价达到数控机床功能、经济等多方面的均衡,通过上述方法对其进行评价决策。

1. 方案确定

根据文献,以四轴数控加工中心运动方案选择为例,根据加工中心运动功能分析,主要针对直线运动方式与主轴回转驱动方式所提供的两种方案进行选择,建立加工中心运动功能的形态学矩阵,筛选出 4 种方案,见表 9.9。

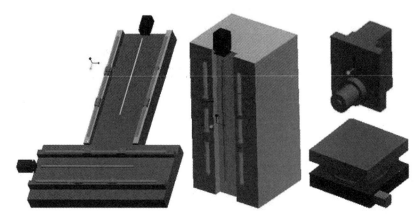

(a) HMS125系列布局模块

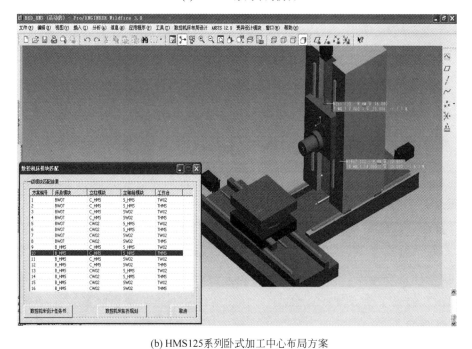

(b) HMS125系列卧式加工中心布局方案

图 9.12　HMS125 系列卧式加工中心布局设计应用

表 9.9　备选方案

备选方案	U_1	U_2	U_3	U_4
结构布局	卧式	立式	立式	卧式
$X/Y/Z$ 直线进给运动	直线电机	直线电机	电机与滚珠丝杠副	电机与滚珠丝杠副
A 或 B 回转运动	回转工作台	回转工作台	回转工作台	回转工作台
主轴回转	电主轴	电主轴	电机与传动机构	电机与传动机构

2．方案评价

步骤 1：确定评价体系。

针对上述 4 种方案，由 3 位专家进行评价，专家权重分别为 0.3、0.4、0.3。根据复杂产品结构与运动方案评价体系选取评价指标：C_1，运动精度；C_2，承载能力；C_3，耐磨性；C_4，设计成本；C_5，能耗。

步骤 2：专家对评价指标进行评价。

步骤 3：计算专家个体对评价指标的权重代替状态矢量，并获得评价指标群决策权重代替常权矢量。

步骤 4：根据状态权重矢量，计算评价指标变权矢量 $W_k(k=1，2，3)$ 及相应的变权平均值 $M^k(k=1，2，3)$。选择 M^k 最大值相应的变权矢量。

步骤 5：专家对方案进行多粒度语言评价。

步骤 6：转化为统一粒度二元语义形式，得到评价指标重要性矩阵 P。

步骤 7：综合专家方案评价信息，确定所有指标的最优解 f_j^* 与最劣解 f_j^-。

步骤 8：计算所有备选方案的群体效益值 S、个别遗憾度 R 及折中值 Q，给出二元语义 β 值形式。

步骤 9：分别对备选方案的群体效益值 S、个别遗憾度 R 及折中值 Q 按大小进行排序（越小越好）。为达到均衡评价，由折中值 Q 大小进行方案排序，根据评判准则同时满足可接受的决策可信度条件，同时接受方案 1 和方案 2 为最优方案。

经专家评审，在给出评价指标和考虑经济性前提下，卧式数控加工中心工作范围广，加工要求适应性较好。

9.3.5　应用效果分析

本节以数控机床为复杂产品方案设计方法的应用对象，阐述了本书提出的理论和方法在面向数控机床方案设计的多性能融合布局设计中的具体实现；并介绍了多性能融合的数控机床结构布局设计系统的主要功能以及与数控机床配置系统数据集成的实例，验证了所提出方法的可行性与实用性。

对于提出的面向加工性能的需求转换方法进行了数控机床加工工艺与性能需求转换应用验证，结果表明设计人员可依据不完备、相互依赖与反馈的用户工艺与性能需求，进行数控机床技术特性优化决策，从而为企业合理规划产品提供了参考依据。面向数控机床结构布局设计与性能融合过程，进行了布局设计约束分析。针对数控机床功能约束与运动约束，建立了数控机床布局元层次关系网，阐述了数控机床布局多色模型、功能属性、运动属性、布局模块属性及其推理实现过程，提出了多性能准则融合的产品结构与运动方案评价方法，进行了数控机床传动机构与运动方案评价应用。

9.4 空分装备方案设计智能优化及工程应用

9.4.1 大型空分装备方案设计智能优化的应用背景

目前，面向全生命周期的产品质量优化控制是科技界和企业界都非常关注的一个研究热点，特别是如何提高产品概念方案设计阶段的质量，因为最终产品质量的 $70\%\sim80\%$ 取决于这一阶段的质量。同时产品加工制造阶段和服役使用阶段的质量控制也不应轻视。开发可进行质量特性提取、推理、优化和运用的空分装备质量优化控制集成系统，对于提高空分装备设计、制造及服役质量，提升我国重大技术装备的自主研发能力，具有非常重要的理论研究和工程实践意义。

9.4.2 透平膨胀机方案设计约束模型构建及最优设计方案确定

透平膨胀机是一种高速旋转的热力机械，它是利用工质流动时速度的变化来进行能量转换的。从该产品设计要求和客户需求出发，分析技术过程，按透平膨胀机工作流程确定其功能结构图，如图 9.13 所示。表 9.10 所示为进行功能分解后的透平膨胀机各功能元和备选子结构集合，其中包含了功能结构图中的 9 个主要功能元。

建立产品方案设计功构映射 CSP 模型如图 9.14 所示，其中包含了由透平膨胀机设计知识及用户需求确定的产品方案设计约束集，设计约束集由功能约束、结构约束和关系约束统一转化为依赖约束而得到。该模型和表 9.10 给出的信息可以准确、完整地表示透平膨胀机的功能结构映射及产品设计知识。本节以此简单的模型为例，采用演化博弈算法进行求解，探索此求解方法的可行性。

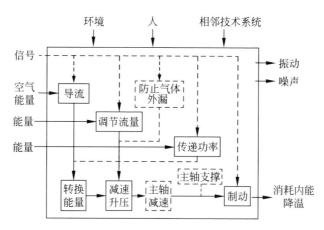

图 9.13　透平膨胀机的功能结构

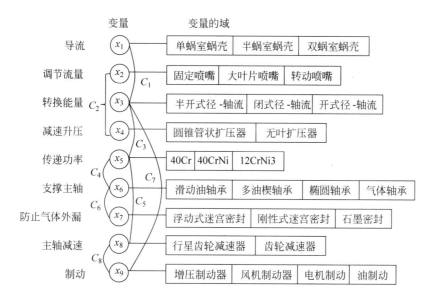

依赖约束:

C_1: $C(s_1, s_3)=\{(s_{11}, s_{31}), (s_{11}, s_{32}), (s_{12}, s_{31}), (s_{12}, s_{32}), (s_{13}, s_{31}), (s_{13}, s_{32}), (s_{13}, s_{33})\}$

C_2: $C(s_2, s_3, s_4)=\{(s_{21}, s_{32}, s_{41}), (s_{21}, s_{33}, s_{41}), (s_{22}, s_{31}, s_{41}), (s_{22}, s_{32}, s_{41}), (s_{23}, s_{31}, s_{41}), (s_{23}, s_{32}, s_{41}),$
$(s_{23}, s_{33}, s_{41}), (s_{21}, s_{31}, s_{42}), (s_{22}, s_{31}, s_{42}), (s_{22}, s_{33}, s_{42}), (s_{23}, s_{31}, s_{42}), (s_{23}, s_{32}, s_{42}), (s_{23}, s_{33}, s_{42})\}$

C_3: $C(s_3, s_5)=\{(s_{31}, s_{51}), (s_{31}, s_{52}), (s_{31}, s_{53}), (s_{32}, s_{51}), (s_{32}, s_{52}), (s_{33}, s_{53})\}$

C_4: $C(s_5, s_6)=\{(s_{51}, s_{61}), (s_{51}, s_{62}), (s_{51}, s_{63}), (s_{51}, s_{64}), (s_{52}, s_{63}), (s_{53}, s_{64}), (s_{53}, s_{61}), (s_{53}, s_{64})\}$

C_5: $C(s_5, s_8)=\{(s_{51}, s_{81}), (s_{51}, s_{82}), (s_{52}, s_{81}), (s_{52}, s_{82}), (s_{53}, s_{82})\}$

C_6: $C(s_6, s_7)=\{(s_{61}, s_{71}), (s_{61}, s_{72}), (s_{62}, s_{72}), (s_{62}, s_{73}), (s_{63}, s_{72}), (s_{64}, s_{71}), (s_{64}, s_{73})\}$

C_7: $C(s_3, s_9)=\{(s_{31}, s_{91}), (s_{31}, s_{93}), (s_{32}, s_{91}), (s_{32}, s_{93}), (s_{32}, s_{94}), (s_{33}, s_{91}), (s_{33}, s_{92}), (s_{33}, s_{93})\}$

C_8: $C(s_8, s_9)=\{(s_{81}, s_{92}), (s_{81}, s_{93}), (s_{81}, s_{94}), (s_{82}, s_{91}), (s_{82}, s_{92}), (s_{82}, s_{93})\}$

图 9.14　透平膨胀机方案设计功构映射 CSP 模型

表 9.10　透平膨胀机主要功能元与备选子结构集合

功能元	结构	结 构 备 选
导流 F_1	蜗壳 S_1	单蜗室蜗壳 S_{11}、半蜗室蜗壳 S_{12}、双蜗室蜗壳 S_{13}
调节流量 F_2	喷嘴环 S_2	固定喷嘴 S_{21}、大叶片喷嘴 S_{22}、转动喷嘴 S_{23}
转换能量 F_3	工作轮 S_3	半开式径-轴流工作轮 S_{31}、闭式径-轴流工作轮 S_{32}、开式径-轴流工作轮 S_{33}
减速升压 F_4	扩压器 S_4	圆锥管状扩压器 S_{41}、无叶扩压器 S_{42}
传递功率 F_5	主轴 S_5	40Cr（S_{51}）、40Cr Ni（S_{52}）、12Cr Ni3（S_{53}）
支撑主轴 F_6	轴承 S_6	滑动油轴承 S_{61}、多油楔轴承 S_{62}、椭圆轴承 S_{63}、气体轴承 S_{64}
防止气体外漏 F_7	轴封 S_7	浮动式迷宫密封 S_{71}、刚性式迷宫密封 S_{72}、石墨密封 S_{73}
主轴减速 F_8	减速器 S_8	行星齿轮减速器 S_{81}、齿轮减速器 S_{82}
制动 F_9	制动器 S_9	增压制动器 S_{91}、风机制动器 S_{92}、电机制动 S_{93}、油制动 S_{94}

　　将质量特性评价函数等效为演化博弈算法的效用函数，功能元的效用值计算就是建立在这些相关评价知识上的。效用函数指导演化博弈过程，因此在计算效用值时，首先要将评价知识库中的评价指标语义表达量化。采用 5 级加以评价，如语义表达差、较差、一般、较好、好，可分别量化为 1、3、5、7、9，若评价介于两档之间可取中间值。

　　效用函数确定后，利用演化博弈算法对产品方案设计功构映射 CSP 模型进行求解。首先选择演化博弈算法的参数，设定初始化方法比例：有限约束选择法 80%，随机初始化方法 20%。而有限约束选择法的参数 $N=5$，演化最大代数 $T=500$，各功能元主体的扰动概率依次为 0.19、0.13、0.35、0.07、0.32、0.16、0.09、0.23 和 0.27。

　　图 9.15 所示为 MATLAB 7.0 程序环境下演化博弈算法求解透平膨胀机方案设计功构映射 CSP 模型得到的效用值曲线，设置最大演化代数 $T=500$。对应所求得的效用值曲线，找出最高的效用值，则其所对应的主体策略组合就是最优纳什均衡解。确定最优设计方案为：①导流：单蜗室蜗壳；②调节流量：转动喷嘴；③转换能量：半开式径-轴流工作轮；④减速升压：圆锥管状扩压器；⑤传递功率：40Cr（S_{51}）；⑥支撑主轴：椭圆轴承；⑦防止气体外漏：刚性式迷宫密封；⑧主轴减速：行星齿轮减速器；⑨制动：电机制动。

　　最优设计方案也可以这样确定：先选取由演化博弈算法得出的效用较高的若干设计方案，再由更细化的评价标准来判定最优设计方案。这样演化博弈算法就只是作为方案设计的初步判断工具。

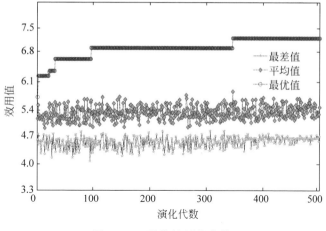

图 9.15　最佳效用值曲线

9.4.3　透平压缩机扩压器质量特性稳健优化

原料空气透平压缩机是空分装备必须配备的,它是空分装备工艺流程中的第一个动设备。透平压缩机工作过程中,从叶轮出来的气体速度相当大,一般可达 $200\sim300\,\mathrm{m/s}$,高能量头的叶轮,其出口气流速度甚至可达 $500\,\mathrm{m/s}$。这样高的速度具有很大的动能,对后弯式叶轮,它占叶轮耗功的 $25\%\sim40\%$;对径向直叶片叶轮,它几乎占叶轮耗功的一半。为了将这部分动能充分地转变为压力能,同时为了使气体在进入下一级时有较低的、合理的流动速度,在叶轮后面设置了扩压器。

如图 9.16 所示,截面 3—3 和截面 4—4 分别为扩压器进出口截面,b_3、b_4 分别为扩压器进出口通道宽度,D_3、D_4 分别为扩压器进出口半径,D_2 为叶轮出口半径,α_{3A}、α_{4A} 分别为扩压器叶片进出口角度。扩压器是叶轮两侧隔板形成的环形通道,同时沿通道圆周均匀设置叶片,引导气流按叶片规定的方向流动。扩压器内环形通道截面是逐渐扩大的,当气体流过时,速度逐渐降低,压力逐渐升高。

建立透平压缩机扩压器质量特性稳健优化模型,以几何参数 D_3、D_4、α_{3A}、α_{4A}、z 作为设计变量,首先仅针对存在量词即设计变量建立约束满足模型如下:

$$\exists D_3 \in D(D_3), \exists D_4 \in D(D_4), \exists \alpha_{3A} \in D(\alpha_{3A}),$$
$$\exists \alpha_{4A} \in D(\alpha_{4A}), \exists z \in D(z)$$
$$\mathrm{s.t.}\ \ C_p^* - C_p(D_3, D_4, \alpha_{3A}, \alpha_{4A}, \mu_c)$$

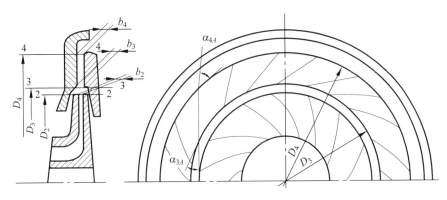

图 9.16　扩压器结构

$$\leqslant 0 \bigcap \eta_v^* - \eta_v(D_3,D_4,\alpha_{3A},\alpha_{4A},b_3,b_4,\mu_c) \leqslant 0 \bigcap D_4 - D_3$$

$$\leqslant 0.60D_2 \bigcap 1.3° \leqslant \frac{D_4}{D_3} \leqslant 1.55° \bigcap 12° \leqslant \alpha_{4A} - \alpha_{3A} \leqslant 20° \quad (9.1)$$

式中：C_p^*、η_v^*——满足最低设计要求的各质量特性值。

采用区间分析算法求解该模型，得有效值域盒 $B_1,B_2,\cdots,B_v$（v 为求解得到的有效值域盒数），其中 $B_i = \langle I_{i1},I_{i2},I_{i3},I_{i4},I_{i5} \rangle$。

已知设计参数叶轮出口直径 $D_2 = 164\,\text{mm}$，叶轮出口通道宽度 $b_2 = 8.5\,\text{mm}$，则扩压器进出口通道宽度 $b_3 = b_4 = 1.06b_2 = 9\,\text{mm}$；气体扩散比 $\mu_c = 0.42$。在实际生产制造装配使用过程中，D_2、b_3、b_4 以及 μ_c 易受各种噪声因素影响而产生变差，取结构参数 D_2、b_3、b_4 的位置变差和 μ_c 的工况变差 $\Delta P = \{(\Delta D_2,\Delta b_3,\Delta b_4,\Delta\mu_c): -0.4 \leqslant \Delta D_2 \leqslant 0.4,\ -0.1 \leqslant \Delta b_3 \leqslant 0.1,\ -0.1 \leqslant \Delta b_4 \leqslant 0.1, -0.03 \leqslant \Delta\mu_c \leqslant 0.03\}$。考虑设计参数变差 ΔP，建立稳健优化的量词约束满足模型如下：

$$\begin{cases} \exists X \in B_i, \forall \Delta P, i=1,2,\cdots,v \\ \text{Min}f(X,\Delta p)=\{C_p,\eta_v\} \\ \text{s.t. } \Delta f_1 \leqslant 0.02 \bigcap \Delta f_2 \leqslant 0.02 \bigcap C_p^* - C_p(D_3,D_4,\alpha_{3A},\alpha_{4A},\mu_c \oplus \Delta\mu_c) \leqslant \\ \quad 0 \bigcap \eta_v^* - \eta_v(D_3,D_4,\alpha_{3A},\alpha_{4A},b_3 \oplus \Delta b_3,b_4 \oplus \Delta b_4,\mu_c \oplus \Delta\mu_c) \leqslant \\ \quad 0 \bigcap D_4 - D_3 \leqslant \\ \quad 0.60D_2 \oplus \Delta D_2 \bigcap 1.3° \leqslant \frac{D_4}{D_3} \leqslant 1.55° \bigcap 12° \leqslant \alpha_{4A} - \alpha_{3A} \leqslant 20° \end{cases}$$

$$(9.2)$$

式中：X——设计变量集，$X = \{D_3,D_4,\alpha_{3A},\alpha_{4A},z\}$，且 $D_3 \in I_{i1}$，$D_4 \in I_{i2}$，$\alpha_{3A} \in I_{i3}$，$\alpha_{4A} \in I_{i4}$，$z \in I_{i5}$。

式(9.2)中共有 7 个不等式约束,依次记为设计约束(1)～(7)。前四个约束为质量特性的目标约束;后三个约束为设计约束。对于约束(3)～(5),由于设计参数变差的存在,在优化过程中需要对其进行稳健性度量,记其稳健性指标为 $P(Y_1 \leqslant 0)$,$P(Y_2 \leqslant 0)$ 和 $P(G_1 \leqslant 0)$(约束均转化为 $Y_i \leqslant 0$ 或 $G_i \leqslant 0$ 的形式)。根据设计要求,稳健性指标需满足 $P(Y_1 \leqslant 0) \geqslant \zeta_1$,$P(Y_2 \leqslant 0) \geqslant \zeta_2$ 及 $P(G_1 \leqslant 0) \geqslant \xi_1$,其中 $\zeta_1 = 1.00$,$\zeta_2 = 1.00$,$\xi_1 = 0.90$,由此可见目标约束必须得到完全满足。

以某型号的透平压缩机扩压器作为设计实例,根据企业透平压缩机扩压器设计规范,具体设计变量原始设计值及变量取值范围如表 9.11 所示。

表 9.11　某型透平压缩机扩压器结构原始设计值及上下限

设计变量	原始设计值	变量范围
进口直径 D_3/mm	182.0	$[180.0, 200.0]$
出口直径 D_4/mm	272.5	$[260.0, 280.0]$
进气安装角 $\alpha_{3A}/(°)$	14.0	$[14.0, 22.0]$
出口安装角 $\alpha_{4A}/(°)$	30.0	$[28.0, 36.0]$
叶片数 z	27	$[12, 28]$

最低设计要求为 $C_p^* = 0.78$,$\eta_v^* = 0.78$,并设定算法中各设计变量的终止区间宽度为 $\delta_1 = 2.5$,$\delta_2 = 2.5$,$\delta_3 = 2.0$,$\delta_4 = 2.0$,$\delta_5 = 5$,通过区间分析求得 25 个有效值域盒。

利用混合蛙跳算法在每个有效值域盒内搜索稳健解。蛙跳算法中每只青蛙代表一个可行解,其体内染色体长度为设计变量个数 5,染色体上每个基因代表一个设计变量。根据蛙跳算法全局收敛速度快、稳健性强的特点,令迭代次数 $G_{\max} = 500$,由精华禁忌搜索法生成初始蛙群,规模为 $\mathfrak{J} = 500$,将其分入 10 个蛙群,每个蛙群包含 50 只青蛙,青蛙的各维最大蛙跳步长为:$d_{\max}^1 = 0.1$,$d_{\max}^2 = 0.1$,$d_{\max}^3 = 0.1$,$d_{\max}^4 = 0.1$,$d_{\max}^5 = 1$。

设定相同迭代次数 $G_{\max} = 500$ 和相同种群规模 $\mathfrak{J} = 500$,对扩压器设计参数稳健优化模型进行求解,图 9.17 所示为利用 MATLAB 进行仿真获得的 Pareto 集。

由图 9.17 可知,通过蛙跳算法稳健优化求解,获得了 39 个代表扩压器关键参数设计方案的 Pareto 非支配解。利用基于信息熵的 Pareto 优选理论,计算每个非支配解的熵权以进一步进行优选,各熵权值分别为:$\beta(\chi_1) = 0.0840$,$\beta(\chi_2) = 0.1840$,$\beta(\chi_3) = 0.3123$,$\beta(\chi_4) = 0.4113$,$\beta(\chi_5) = 0.4471$,…,

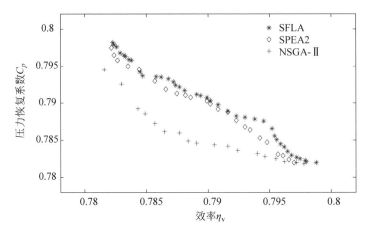

图 9.17　不同算法求解获得的 Pareto 解集

$\beta(\chi_{39}) = 0.3753$，排序得信息熵最大值 $\beta(\chi_{19}) = 0.8525$，其对应的扩压器效率和压力恢复系数分别为 $\eta_v^* = 0.7908$，$C_p^* = 0.7907$，设计变量为 $D_3 = 180.6\text{mm}$，$D_4 = 278.8\text{mm}$，$\alpha_{3A} = 14.0°$，$\alpha_{4A} = 29.8°$，$z = 28$。表 9.12 针对扩压器参数设计的稳健优化方案和原始方案，在质量特性值、质量特性波动及约束稳健性方面做了对比。从中可以看出：①稳健优化方案的两个质量特性值均优于原始方案；②在设计变差影响下，稳健优化方案的质量特性波动均满足设计要求，且小于原始方案产生的波动；③稳健优化方案的约束稳健性均满足设计要求，而原始方案的目标约束的满足情况极差。总体来看，该稳健优化方法以牺牲一小部分设计约束稳健性的代价，获得了目标约束的完全满足和质量特性波动的减小，获得的优化方案质量远优于原始方案。

表 9.12　稳健优化方案与原始方案对比

指标	原始设计方案	稳健优化方案
压力恢复系数 C_p	0.7863	0.7907
C_p 区间值 $\bar{C}_p$ 及其波动 ΔC_p	$[0.7776, 0.7945]$，0.0169	$[0.7829, 0.7989]$，0.0160
扩压器效率 η_v	0.7880	0.7908
η_v 区间值 $\bar{\eta}_v$ 及其波动 $\Delta \eta_v$	$[0.7727, 0.7941]$，0.0214	$[0.7814, 0.7991]$，0.0177
目标约束稳健性 $P(Y_1 \leqslant 0)$	0.86	1.00
目标约束稳健性 $P(Y_2 \leqslant 0)$	0.43	1.00
设计约束稳健性 $P(G_1 \leqslant 0)$	1.00	0.92

9.4.4　应用效果分析

本节采用演化博弈算法求解产品方案设计功构映射 CSP 模型。通过将方案求解问题的搜索空间映射为博弈的策略组合空间，将质量特性评价函数映射为博弈的效用函数，在理性博弈主体策略选择的演化过程中使系统呈现出问题寻优的能力，即通过主体的顺序最优反应达到纳什均衡状态，并不断对均衡状态施加扰动再重新恢复均衡，从而搜寻到更优的均衡状态，最终达到对应于全局最优解的 Pareto 最优均衡状态，从而求解出问题。约束满足问题为产品方案设计提供了一个统一的、有效的功构映射建模框架，以透平膨胀机方案设计的功构映射为实例，证明了利用演化博弈算法求解方案设计功构映射 CSP 模型是可行且有效的。

产品质量特性稳健优化设计问题属于存在不确定性的有约束多目标优化问题。本节在量词约束满足问题理论框架下建立了产品质量特性稳健优化模型，根据该模型的特点，将优化解区分为有效解和稳健解，进而采取组合式算法进行求解。采用区间分析算法缩小设计变量搜索空间，在获得的有效值域盒内利用混合蛙跳算法搜索稳健优化解。通过对透平压缩机扩压器质量特性的稳健优化实例，获得了满足设计约束和符合稳健性指标的设计方案。

参考文献

［1］ ABBASI B,MAHLOOJI H. Improving response surface methodology by using artificial neural network and simulated annealing ［J］. Expert Systems with Applications,2012, 39(3)：3461-3468.

［2］ ARIMOTO S,KAWAMURA S,MIYAZAKI F. Bettering operation of robots by learning ［J］. Journal of Field Robotics,1984,1(2)：123-140.

［3］ ATANASSOV K T. Intuitionistic fuzzy sets ［J］. Fuzzy Sets and Systems,1986,20(1)： 87-96.

［4］ BROWNING T R,EPPINGER S D. Modeling impacts of process architecture on cost and schedule risk in product development ［J］. IEEE Transactions on Engineering Management,2002,49(4)：428-442.

［5］ BURNAP A,PAN Y,LIU Y,et al. Improving design preference prediction accuracy using feature learning ［J］. Journal of Mechanical Design,2016,138(7)：071404.

［6］ CHAN F T S,KUMAR N,TIWARI M K,et al. Global supplier selection：a fuzzy-AHP approach ［J］. International Journal of Production Research,2008,46(14)：3825-3857.

［7］ CHEN L H,KO W C,YEH F T. Approach based on fuzzy goal programing and quality function deployment for new product planning ［J］. European Journal of Operational Research,2017,259(2)：654-663.

［8］ 冯培恩,张帅,潘双夏,等.复合功能产品概念设计循环求解过程及其实现［J］.机械工程学报,2005(3)：135-141.

［9］ 高一聪.面向关键质量特性的大型注塑装备保质设计技术及其应用研究［D］.杭州：浙江大学,2011.

［10］ 洪军,郭俊康,刘志刚,等.基于状态空间模型的精密机床装配精度预测与调整工艺［J］.机械工程学报,2013(6)：114-121.

［11］ CHONG Y T,CHEN C H,LEONG K F. A heuristic-based approach to conceptual design ［J］. Research in Engineering Design,2009,20(2)：97-116.

［12］ DU X. Uncertainty Analysis with Probability and Evidence Theories ［C］. ASME 2006 International Design Engineering Technical Conferences and Computers and Information in Engineering Conference,2006：1025-1038.

［13］ DUAN G,WANG Y. QCs-linkage model based quality characteristic variation propagation analysis and control in product development ［J］. International Journal of Production Research,2013,51(22)：6573-6593.

［14］ 郏维强,冯毅雄,谭建荣,等.面向维修的复杂装备模块智能聚类与优化求解技术［J］.计算机集成制造系统,2012(11)：2459-2469.

［15］ 康与云,唐敦兵.基于矩阵的多功能产品概念方案求解方法［J］.计算机集成制造系统,2014(12)：2915-2925.

［16］ EMMATTY F J,SARMAH S P. Modular product development through platform-based design and DFMA ［J］. Journal of Engineering Design,2012,23(9)：696-714.

［17］ FRENCH M. Conceptual design for engineers ［M］. London：Springer,1998.

[18] GERO J S,KANNENGIESSER U. The situated function – behaviour – structure framework [J]. Design Studies,2004,25(4): 373-391.

[19] HE Y,TANG X, CHANG W. Technical decomposition approach of critical to quality characteristics for product design for sixsigma [J]. Quality and Reliability Engineering International,2010,26(4): 325-339.

[20] HONG G,HU L,XUE D, et al. Identification of the optimal product configuration and parameters based on individual customer requirements on performance and costs in one-of-a-kind production [J]. International Journal of Production Research,2008,46(12): 3297-3326.

[21] ISHINO Y,JIN Y. Estimate design intent: a multiple genetic programming and multivariate analysis based approach [J]. Advanced Engineering Informatics,2002, 16(2): 107-125.

[22] JIA W,LIU Z,LIN Z, et al. Quantification for the importance degree of engineering characteristics with a multi-level hierarchical structure in QFD [J]. International Journal of Production Research,2016,54(6): 1627-1649.

[23] KHAYET M,COJOCARU C, ESSALHI M. Artificial neural network modeling and response surface methodology of desalination by reverse osmosis [J]. Journal of Membrane Science,2011,368(1): 202-214.

[24] KIMURA F,SUZUKI H. A CAD system for efficient product design based on design intent [J]. CIRP Annals-Manufacturing Technology,1989,38(1): 149-152.

[25] KRISHNAPILLAI R,ZEID A. Mapping product design specification for mass customization [J]. Journal of Intelligent Manufacturing,2006,17(1): 29-43.

[26] LI F,LUO Z,SUN G, et al. An uncertain multidisciplinary design optimization method using interval convex models [J]. Engineering Optimization,2013,45(6): 697-718.

[27] 安相华,冯毅雄,谭建荣,等.基于智能聚类算法的产品粒度确定方法 [J].计算机集成制造系统,2010(4): 689-695.

[28] 安相华,冯毅雄,谭建荣.基于 Choquet 积分与证据理论的产品方案协同评价方法 [J].浙江大学学报(工学版),2012(1): 163-169.

[29] 白影春.考虑认知不确定性的结构可靠性分析方法研究[D].长沙:湖南大学,2013.

[30] LI Z,CHENG Z,FENG Y,YAN J. An integrated method for flexible platform modular architecture design [J]. Journal of Engineering Design,2013,24(1): 25-44.

[31] MALAK R J,AUGHENBAUGH J M,PAREDIS C J J. Multi-attribute utility analysis in set-based conceptual design [J]. Computer-Aided Design,2009,41(3): 214-227.

[32] MARTIN J D,SIMPSON T W. A methodology to manage system-level uncertainty during conceptual design [J]. Journal of Mechanical Design,2006,128(4): 959-968.

[33] MCKAY M D,BECKMAN R J, CONOVER W J. Comparison of three methods for selecting values of input variables in the analysis of output from a computer code [J]. Technometrics,1979,21(2): 239-245.

[34] NIKNAM T,FARD E T,POURJAFARIAN N, et al. An efficient hybrid algorithm based on modified imperialist competitive algorithm and K-means for data clustering [J]. Engineering Applications of Artificial Intelligence,2011,24(2): 306-317.

[35] OSTROSI E,FOUGÈRES A J,FERNEY M, et al. A fuzzy configuration multi-agent

approach for product family modelling in conceptual design ［J］. Journal of Intelligent Manufacturing，2012，23（6）：2565-2586.

［36］ PARAMESHWARAN R，BASKAR C，KARTHIK T. An integrated framework for mechatronics based product development in a fuzzy environment ［J］. Applied Soft Computing，2015，27：376-390.

［37］ QI J，HU J，PENG Y H，et al. AGFSM：An new FSM based on adapted Gaussian membership in case retrieval model for customer-driven design ［J］. Expert Systems with Applications，2011，38（1）：894-905.

［38］ 曹国忠，檀润华，孙建广. 基于扩展效应模型的功能设计过程及实现 ［J］. 机械工程学报，2009（7）：157-167.

［39］ 车林仙，程志红. 工程约束优化的自适应罚函数混合离散差分进化算法 ［J］. 机械工程学报，2011（3）：141-151.

［40］ 程强，张国军，李培根，等. 公理设计中关键性耦合设计参数识别方法 ［J］. 机械工程学报，2009（10）：143-150.

［41］ 戴伟，唐晓青. 基于质量特性的产品质量策划模型及应用 ［J］. 计算机集成制造系统，2009（10）：1938-1945.

［42］ 邓家禔. 产品概念设计理论、方法与技术 ［M］. 北京：机械工业出版社，2002.

［43］ 丁力平，谭建荣，冯毅雄，等. 基于解析结构模型的产品模块构建及其优化 ［J］. 计算机集成制造系统，2008（6）：1070-1077.

［44］ QI J，HU J，PENG Y. A new adaptation method based on adaptability under k-nearest neighbors for case adaptation in case-based design ［J］. Expert Systems with Applications，2012，39（7）：6485-6502.

［45］ SHANNON C E. A mathematical theory of communication ［J］. ACM SIGMOBILE Mobile Computing and Communications Review，2001，5（1）：3-55.

［46］ SHAO X Y，CHU X Z，QIU H B，et al. An expert system using rough sets theory for aided conceptual design of ship's engine room automation ［J］. Expert Systems with Applications，2009，36（2）：3223-3233.

［47］ SOSA M E，EPPINGER S D，ROWLES C M. A network approach to define modularity of components in complex products ［J］. Journal of Mechanical Design，2007，129（11）：1118-1129.

［48］ 刘成武，李连升，钱林方. 随机与区间不确定下基于近似灵敏度的序列多学科可靠性设计优化［J］. 机械工程学报，2015（21）：174-184.

［49］ 刘开第，赵奇，周少玲，等. 机械产品方案设计模糊综合评价中隶属度转换的新方法 ［J］. 机械工程学报，2009（12）：162-166.

［50］ 刘振宇，周思杭，谭建荣，等. 基于多准则修正的产品性能多参数关联分析与预测方法 ［J］. 机械工程学报，2013（15）：105-114.

［51］ SUYKENS J A K，VANDEWALLE J. Least squares support vector machine classifiers ［J］. Neural Processing Letters，1999，9（3）：293-300.

［52］ TAKAHAMA T，SAKAI S. Constrained optimization by applying the alpha constrained method to the nonlinear simplex method with mutations ［J］. IEEE Transactions on Evolutionary Computation，2005，9（5）：437-451.

［53］ TSAI C Y，CHANG C A. A two-stage fuzzy approach to feature-based design retrieval

［J］. Computers in Industry,2005,56(5)：493-505.

［54］ WHITFIELD R I,SMITH J S,DUFFY A B. Identifying component modules ［C］// Artificial Intelligence in Design'02. Springer Netherlands,2002：571-592.

［55］ XU K,XIE M,TANG L C, et al. Application of neural networks in forecasting engine systems reliability ［J］. Applied Soft Computing,2003,2(4)：255-268.

［56］ XU Z. Intuitionistic fuzzy aggregation operators ［J］. IEEE Transactions on Fuzzy Systems,2007,15(6)：1179-1187.

［57］ ZADEH L A. Fuzzy sets[J]. Information and Control,1965,8(3)：338-353.

［58］ ZHENG H,FENG Y,TAN J, et al. Research on intelligent product conceptual design based on cognitive process ［J］. Proceedings of the Institution of Mechanical Engineers, Part C：Journal of Mechanical Engineering Science,2016,230(12)：2060-2072.

［59］ ZHENG H,FENG Y,TAN J, et al. An integrated modular design methodology based on maintenance performance consideration ［J］. Proceedings of the Institution of Mechanical Engineers,Part B：Journal of EngineeringManufacture ,2017,231(2)：313-328.

［60］ 李玲玲. 智能设计与不确定信息处理 ［M］. 北京：机械工业出版社,2011.

［61］ 罗晨,王欣,苏春,等. 基于案例推理的夹具设计案例表示与检索 ［J］. 机械工程学报,2015(7)：136-143.

［62］ 孟书,申桂香,陈炳锟,等. 基于灰关联的加工中心可用性需求重要度研究 ［J］. 机械工程学报,2016(24)：187-193.

［63］ 张舜禹. 设计流程驱动的数控机床整机方案设计知识推送技术及应用研究[D]. 杭州：浙江大学,2015.

［64］ 彭翔,刘振宇,谭建荣,等. 基于多重耦合聚类的复杂产品多变量关联设计模型分解 ［J］. 机械工程学报,2013(3)：111-121.

［65］ 彭翔. 复杂产品设计中参数关联和等效简化方法及其应用 ［D］. 杭州：浙江大学,2014.

［66］ 郑浩. 不确定条件下复杂产品性能增强设计理论、方法及其应用研究[D]. 杭州：浙江大学,2017.

［67］ 萨日娜,张树有,刘晓健. 面向零件切削性评价的数控机床精度特性重要度耦合识别技术 ［J］. 机械工程学报,2013(9)：113-120.

［68］ 申丽娟,杨军,赵宇. 基于方差传递模型的飞机蒙皮拉形工艺稳健设计 ［J］. 机械工程学报,2011(1)：145-151.

［69］ 宋慧军,林志航. 基于改进 Freeman-Newell 模型的机械产品概念设计过程研究 ［J］. 机械工程学报,2002(10)：54-58.

［70］ 魏喆. 性能驱动的复杂机电产品设计理论和方法及其在大型注塑装备中的应用 ［D］. 杭州：浙江大学,2009.

［71］ 魏巍,谭建荣,冯毅雄,等. 基于 SPEA2+ 的产品族模块单元多目标规划方法 ［J］. 机械工程学报,2009(12)：143-150.

［72］ 闻邦椿. 产品全功能与全性能的综合设计 ［M］. 北京：机械工业出版社,2008.

［73］ 吴军. 基于性能参数的数控装备服役可靠性评估方法与应用 ［D］. 武汉：华中科技大学,2008.

［74］ 许勇. 机电一体化系统方案生成及优选研究 ［D］. 上海：上海交通大学,2007.

［75］ 汤龙. 多参数非线性优化方法关键技术研究及应用 ［D］. 长沙：湖南大学,2013.

［76］ 谭建荣.机电产品现代设计：理论、方法与技术［M］.北京：高等教育出版社,2009.

［77］ 唐涛,刘志峰,刘光复,等.绿色模块化设计方法研究［J］.机械工程学报,2003(11)：149-154.

［78］ 田启华.基于公理设计的机械产品设计方法研究及应用［D］.武汉：华中科技大学,2009.

［79］ 谢清,谭建荣,冯毅雄.基于自动机的可配置产品功构映射过程研究［J］.计算机集成制造系统,2007(9)：1722-1731.

［80］ 谢友柏.现代设计理论中的若干基本概念［J］.机械工程学报,2007,43(11)：7-16.

［81］ 徐泽水.直觉模糊信息集成理论及应用［M］.北京：科学出版社,2008.

［82］ 尹碧菊,李彦,熊艳,等.基于概念设计思维模型的计算机辅助创新设计流程［J］.计算机集成制造系统,2013(2)：263-273.

［83］ 朱文予.机械概率设计与模糊设计［M］.北京：高等教育出版社,2001.

［84］ WILLIAM C,BURKET T. Product data markup language：a new paradigm for product data exchange and integration［J］. Computer-Aided Design,2001,33(2)：489-500.

［85］ WYNNE H,IRENE M Y W. Current research in the conceptual design of mechanical products［J］. Computer-Aided Design,1998,30(5)：377-389.

［86］ YOSHIKAWA H,WARMAN E A. Design theory for CAD［C］. Proceedings of the IFIP WG,Tokyo,Japan,1-3 October,1985.

［87］ YOSHIKAWA H,HOLDEN T. Intelligent CAD II：Proc. of the IFIP TC/WG 5. 2 Workshop on Intelligent CAD,1988. North-Holland,1990.

［88］ LAKOS C. From coloured Petri nets to object Petri nets［M］. Springer,1995.

［89］ LANDAUER T K,FOLTZ P W, LAHAM D. An introduction to latent semantic analysis［J］. Discourse Processes,1998,25(2-3)：259-284.

［90］ MOON S K,KUMARA S R,SIMPSON T W. Knowledge representation for product design using techspecs concept ontology［C］. IEEE,2005.

［91］ MOON S K,SIMPSON T W,KUMARA S R. An agent-based recommender system for developing customized families of products［J］. Journal of Intelligent Manufacturing,2009,20(6)：649-659.

［92］ NAEVE A. The human Semantic Web shifting from knowledge push to knowledge pull ［J］. International Journal on Semantic Web and Information Systems（IJSWIS）,2005,1(3)：1-30.

［93］ 张根保,庞继红,任显林,等.机械产品多元质量特性重要度排序方法［J］.计算机集成制造系统,2011(1)：151-158.

［94］ 张颉健.基于离散过程神经网络的航空发动机性能参数融合预测技术研究［D］.哈尔滨：哈尔滨工业大学,2015.

［95］ 张永志,董俊慧.基于模糊 C 均值聚类的模糊 RBF 神经网络预测焊接接头力学性能建模［J］.机械工程学报,2014(12)：58-64.

［96］ 郑浩,冯毅雄,谭建荣,等.一类制造资源的协同建模、优化与求解技术［J］.计算机集成制造系统,2012(7)：1387-1395.

［97］ 祖耀,肖人彬,刘勇.具有迭代特征的复杂机械产品概念设计模型［J］.机械工程学报,2006(12)：197-205.

［98］ DAI Z,SCOTT M. Meaningful tradeoffs in product family design considering monetary and technical aspects of commonality[C]. SAE International,2005.

[99] DAI Z,SCOTT M. Product platform design through sensitivity analysis and cluster analysis[J]. Journal of Intelligent Manufacturing,2007,18(1): 97-113.

[100] FELLINI R,MICHELENA K, PAPALAMBROS P, et al. A sensitivity-based commonality strategy for family products of mild variation,with application to automotive body structures[J]. Structure Multidisc Optimization,2004,27(1-2): 89-96.

[101] KENNEDY J,EBERHART R. Particle Swarm Optimization[C]. Proceedings of IEEE Conference on Neural Networks. Piscataway,N. J. ,USA: IEEE Service Center,1995: 1942-1948.

[102] 安相华.大型空分设备关键部机质量的多尺度智能化协同化控制理论及其应用[D].杭州:浙江大学,2011.

[103] KUMAR R,ALLADA V. Scalable platforms using ant colony optimization[J]. Journal of Intelligent Manufacturing,2007,18(1): 127-142.

[104] LI Y P,TANG Y Z,CHEN R Q. The grey comprehensive evaluation method on investment item[J]. The Journal of Grey System,2000,12(4): 383-390.

[105] LI Y L,TANG J F,LUO X G,et al. An integrated method of rough set,Kano's model and AHP for rating customer requirements' final importance[J]. Expert Systems with Applications,2008,36(6): 112-130.

[106] LIU E,HSIAO S. ANP-GP approach for product variety design [J]. International Journal of Advanced Manufacturing Technology,2006,29(3): 216-225.

[107] NANDA J,THEVENOT H,SIMPSON T. Product family representation and redesign: increasing commonality using formal concept analysis[C]. Proceedings of ASME 2005 International Design Engineering Technical Conferences and Computers and Information in Engineering Conference,Long Beach,2005: 969-978.

[108] NANDA J,SIMPSON T, KUMARA S, et al. A methodology for product family ontology development using formal concept analysis and web ontology language[J]. Journal of Computing and Information Science in Engineering,2006,6(2): 103-112.

[109] 冯毅雄,谭建荣,李中凯,等.基于多目标遗传优化的注射成型机性能设计[J].计算机集成制造系统,2008(6):1057-1062.

[110] 纪杨建.面向产品方案的形式化设计关键技术研究[D].杭州:浙江大学,2003.

[111] 纪杨建,谭建荣,伊国栋,等.基于语义元的设计方案形式化与重用方法研究[J].机械工程学报,2004(2):30-36.

[112] 魏巍.定制产品智能重组设计关键技术与方法研究及其应用[D].杭州:浙江大学,2010.

[113] SCOTT M,ANTONSSON E. Aggregation functions for engineering design trade-offs [J]. Fuzzy Sets and Systems,1998,99(3): 253-263.

[114] SIMPSON T,MAIER J, MISTREE F. Product platform design: method and application[J]. Research in Engineering Design,2001,13(6): 2-22.

[115] SIMPSON T,SEEPERSAD C,MISTREE F. Balancing commonality and performance within the concurrent design of multiple products in a product family [J]. Concurrent Engineering: Research and Applications,2001,10(11): 1-14.

[116] STONE R,WOOD K,CRAWFORD R. A heuristic method for identifying modules for product architectures[J]. Design Studies,2000,21(1)：5-31.

[117] SUH N. The principle of design[M]. Oxford：Oxford University Press,1990.

[118] VELDHUIZEN D,LAMONT G. Multi-objective evolutionary algorithms：analyzing the state-of-the-art[J]. IEEE Transactions on Evolutionary Computation,2000,18(2)：125-147.

[119] WANG T,CHANG T. Application of TOPSIS in evaluating initial training aircraft under a fuzzy environment[J]. Expert Systems with Applications,2007,33(4)：870-880.

[120] 李中凯.产品族可重构设计理论与方法及其在大型空分装备中的应用研究[D]. 杭州：浙江大学,2009.

[121] ZACHARIAS N,YASSINE A. Optimal platform investment for product family design[J]. Journal of Intelligent Manufacturing,2008,19(2)：131-148.

[122] 陈立周.稳健设计[M].北京：机械工业出版社,2005.

[123] 陈志伟,米东,徐章遂,等.基于灰色理论和时间序列模型的润滑油中磨粒含量预测分析[J].润滑与密封,2007,32(5)：147-149.

[124] 但斌,林森,陈光毓.一种面向大规模定制的产品平台扩展决策方法研究[J].计算机集成制造系统,2006,12(11)：1747-1754.

[125] 范进桢,张文明,申焱华,等.集成函数在基于不精确法的集成稳健设计中的应用[J].北京科技大学学报,2007,29(9)：953-956.

[126] 方峻,聂宏.基于模型推理的参数再设计方法研究[J].中国机械工程,2005,16(18)：1632-1636.

[127] 冯韬,但斌,兰林春,等.面向大规模定制的产品族结构与配置管理[J].计算机集成制造系统,2003,9(3)：210-213.

[128] 纪杨建,祁国宁,顾巧祥.产品族生命周期数据模型及其演化研究[J].计算机集成制造系统,2007,13(2)：240-245.

[129] 贾延林.模块化设计[M].北京：机械工业出版社,1993.

[130] 林晓华.面向设计—制造—服役全周期的产品质量控制与优化技术及其在大型空分装备中的应用研究[D].杭州：浙江大学,2012.

[131] 李延来,唐加福,姚建明,等.质量屋中工程特性改进重要度的确定方法[J].计算机集成制造系统,2007,13(7)：1381-1387.

[132] 刘思峰,党耀国,方志耕,等.灰色系统理论及其应用[M].北京：科学出版社,2004.

[133] 萨日娜.面向复杂产品方案设计的多性能融合布局设计技术研究[D].杭州：浙江大学,2013.

[134] 楼健人.产品可拓配置变型与进化设计技术研究[D].杭州：浙江大学,2005.

[135] 吕大刚,王力,张鹏,等.结构方案设计模糊多属性决策的灰色关联度方法[J].哈尔滨工业大学学报,2007,39(6)：841-844.

[136] 吕挺锋.大型化工型内压缩流程空分设备新工艺的研制与发展[J].杭氧科技,2007(2)：1-5.

[137] 吕超,李爱平,徐立云.基于权重有向图的可重构制造系统配置决策模型研究[J].中国机械工程,2008,19(15)：1821-1825.